一口气读懂

自救常识

本书编写组◎编

NEW

 世界图书出版公司

广州·上海·西安·北京

图书在版编目（CIP）数据

一口气读懂自救常识/《一口气读懂自救常识》编
写组编．—广州：广东世界图书出版公司，2010.4（2021.11 重印）
ISBN 978 - 7 - 5100 - 1538 - 0

Ⅰ．①一… Ⅱ．①一… Ⅲ．①自救互救 - 青少年读物
Ⅳ．①X4 - 49

中国版本图书馆 CIP 数据核字（2010）第 049958 号

书　　名　一口气读懂自救常识
　　　　　YI KOU QI DU DONG ZI JIU CHANG SHI
编　　者　《一口气读懂自救常识》编写组
责任编辑　韩海霞
装帧设计　三棵树设计工作组
责任技编　刘上锦　余坤泽
出版发行　世界图书出版有限公司　世界图书出版广东有限公司
地　　址　广州市海珠区新港西路大江冲 25 号
邮　　编　510300
电　　话　020-84451969　84453623
网　　址　http://www.gdst.com.cn
邮　　箱　wpc_gdst@163.com
经　　销　新华书店
印　　刷　三河市人民印务有限公司
开　　本　787mm×1092mm　1/16
印　　张　13
字　　数　160 千字
版　　次　2010 年 4 月第 1 版　2021 年 11 月第 8 次印刷
国际书号　ISBN　978-7-5100-1538-0
定　　价　38.80 元

前　言

　　谁不渴望如诗如画的生活？谁不向往绚丽多彩的人生？谁不希望平平安安的外出和旅行？但是，这一切都与"安全"二字有着密切的联系，甚至可以说，没有"安全"就没有一切！

　　然而，在日常生活中，人们不可避免地会遇到各种不安全的因素。比如，在大街上、飞机上、火车上以及轮船上，甚至是人们认为最安全的家中等等，各种事故的发生往往就在瞬息间。除此之外，野外活动以及自然灾害也会对人们的安全构成威胁。

　　由于安全防范意识的缺乏，应付各种突发事故的能力有限，常常会造成一些不必要的损失。可见，人们在享受家庭所带来的幸福以及旅游所带来的快乐时，也在品尝着突发事故所带来的种种苦涩。因此，掌握一些安全自救的常识是非常必要的。

　　面对光怪陆离的社会，我们应该树立良好的自救观念，形成良好的自救意识，掌握必要的自救常识，让自己能够及时果断地采取一些自救措施，机智勇敢地处理所面临的各种事故或危险。本书结合实际，针对身边常见的各种安全隐患，介绍了一些基本、简单的安全自救常识，提供了预防以及应付各种危险的措施和方法，是一本理论与实践紧密结合的读物，也是人们常备于手的安全救护指南。

　　其实，生活中绝大部分的危险都是能够避免的，只要你时刻保持警惕，有所防备，安全问题就能得到保障。每个人都应积极创造幸福安全的生活，掌握一些自护自救的小常识，这样不仅可以保护自己、捍卫

一口气读懂自救常识

1

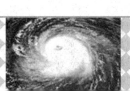

自己，在他人遭遇危险时，也能及时给予帮助。

因此，广大的青少年朋友不妨利用学习之余，来认真学习一些有关自救的常识。要记住：多一点常识，少一份危害；多一点防范、少一份遗憾。

目　录

家庭生活篇

一口气读懂自救常识

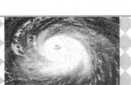

一口气读懂自救常识

一口气读懂自救常识

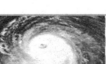

一口气读懂自救常识

一口气读懂自救常识

一口气读懂自救常识

一口气读懂自救常识

一口气读懂自救常识

家庭生活篇

第一章　家庭意外事故

噎食时应该如何及时处理？

噎食是指声门或气管被食物团块完全堵塞所引起的窒息，是人们猝死的常见原因之一。堵塞气管的食物常见的有肉类、芋艿、地瓜、汤圆、豆子等。

噎食的发生主要表现在：进食时突然不能说话，并出现窒息的痛苦表情。如果部分气道被阻塞，会引起剧烈的咳嗽，咳嗽间歇有哮鸣音。

一旦发生噎食，在呼叫急救中心的同时，应如何及时处理呢？

意识清醒的病人可采用立位或坐位，抢救者站在病人身后，双臂抱其腰，一手握拳，使拇指掌关节突出点顶住病人腹部正中线脐上部位；另一只手的手掌压在拳头上，连续快速向内、向上推压冲击 6~10 次，注意不要伤到病人的肋骨。

昏迷倒地的病人采用仰卧位，抢救者骑在病人髋部，按上述方法推压冲击脐上部位。这样冲击上腹部，等于突然加大了腹内压力，可以抬高膈肌，使气道压力迅速增大，肺内空气被迫排出，使堵塞气管的食物或其他异物上移并逐渐被驱出。假如无效，待几秒钟后，可重复操作一遍，造成人为的咳嗽，让堵塞的食物团块冲出气道。

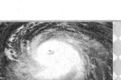

当发生噎食时，还可以采取下述自救法：保持立位姿势，抬起下巴，使气管变直，然后让腹部上端(剑突下，俗称心窝部)靠在一张椅子的背部顶端或桌子的边缘，或阳台栏杆转角，突然对胸腔上方猛力施加压力，让气管中的食物被冲出。

异物卡住嗓子时应如何及时处理？

小朋友在跳、跑、嬉笑时吃零食，容易使食物呛入气管，成年人边吃边聊也容易被鱼刺、细骨头卡住。

小朋友一旦发生异物呛入气管的情况，首先要安抚孩子，不让其哭闹，然后头朝下将孩子抱住，让上身低于臀部，再用力拍击背部，帮助孩子把异物咳出。如异物仍不能吐出，应速送医院。假如食管被鱼刺、鸡骨等卡住，应马上停止进食，异物卡在明显处，可用镊子取出，若位置较深，应立即送往医院。

当鱼刺卡住喉咙时，不要慌张，更不要采用大口大口干咽饭团的方法来试图将鱼刺推压下去，这样做，细软的鱼刺可能会被带进胃内，使鱼刺越扎越深，甚至刺破食管或大血管，造成严重的后果。被鱼刺卡住喉咙时，不妨试试以下几种方法：

(1)立即用牙刷柄或汤匙压住患者舌头的前部分，借助亮光仔细查看舌根部、扁桃体以及咽后壁等，尽可能发现异物，再用镊子或筷子将其夹出。如果病人咽部出现强烈反射，甚至恶心剧烈难以配合，则可以让病人做哈气动作，以减轻不适。

(2)如果鱼刺难以发现，但病人仍有鱼刺卡住喉咙的感觉，可用下述方法将鱼刺软化：威灵仙 10 克，乌梅 3 个，食醋少许，砂糖少许，煎汤，频频缓缓咽下；将橙皮切小块，口含慢慢咽下；维生素 C

片,含化 2 片,徐徐咽下。

(3)如果上述方法仍无法解决问题,或吞咽后胸骨出现疼痛,说明鱼刺在喉管内,应当禁食,尽快去医院治疗。

当骨鲠喉咙时应如何及时处理?

骨鲠是指鱼骨或者其他骨类鲠于咽喉或食道中。

由于饮食不慎,经常会有咽喉或食道被鱼刺或者其他骨类鲠住的现象发生。对于这种事情的处理方法,人们常常以喝醋或吞饭团、菜团等方法来解决,这对于一些细小的鱼刺或许有效,但如果遇到大而坚硬的骨鲠,如果采用这种方法只会使骨鲠越扎越深,还有可能扎破食管或大血管,造成严重后果;而且,醋属于弱酸,会腐蚀食道。

因此,骨鲠喉咙后,一定要进行科学地处理:

用汤匙或者筷子压住患者舌头的前部,在舌根部、扁桃体、咽后壁等处寻找鱼骨等异物,发现后立即用镊子或筷子夹出。

如果鲠者反应强烈或鱼骨难以寻找,可用威灵仙30克,煎水慢慢含咽,在30~60分钟内服完,日服 1~2 剂。

另外,还可含维生素 C 2 片,徐徐咽下。如果仍然无效,需及时去医院看诊。

如果咽喉部位被划伤,最好进食冷流食 1 天,以减轻疼痛感和防止感染。若患处红肿、糜烂、化脓,须清热解毒、消肿止痛,此时用黄连、黄柏、黄芩各 10 克,煎水内服,并用金银花、甘草煎水清洗患处,或用冰硼散、珠黄散吹患处,以清热解毒、化腐生肌。

为防止骨鲠现象出现,我们平时应养成细嚼慢咽的进食习惯,

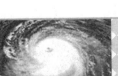

进食时不宜谈笑。小孩在进食带鱼骨(刺)食物时,应该尽量剔除其中的鱼骨(刺)。

牙痛时如何减轻疼痛?

俗话说:"牙痛不是病,痛起来要人命。"牙痛的滋味,几乎人人有体会,的确让人难以忍受。尤其在夜间,牙痛时不方便去医院,实在很痛苦。但是,如果能够掌握一些及时处理的方法,至少可减轻一时的疼痛。

当出现牙痛时,可以采取以下措施,达到减轻疼痛的效果:

(1)花椒 1 枚,将其噙于龋齿处,即可缓解疼痛。

(2)丁香花 1 朵,用牙将其咬碎,填入龋齿的缝隙中,几小时后牙痛即消,并能够在较长的时间内不再发生牙痛(丁香花可在中药店购买)。

(3)用水磨擦和谷穴(手背虎口附近)或用手指不断按摩压迫,即可减轻疼痛。

(4)用盐水或酒漱口,持续几遍,也可减轻牙痛。

(5)如果牙遇热而痛,多为积脓引起,可用冰袋冷敷颊部,即可缓解疼痛。

采取按摩手的方法可缓解 50%的疼痛。具体做法:取一块冰搓摩拇指与食指骨头相连的"V"地带,轻轻将冰块压在此部位,持续 5~7 分钟。加拿大一位研究员发现,60%~90%的牙痛患者,使用此方法,牙痛会减轻。他的研究显示,这种摩擦法可以干扰牙痛神经冲动的传导。

如果是顽固的牙痛,最好是含服止痛片,可减轻一时的疼痛。

当牙痛发作时，如果采取上述方法仍无法止痛，应速去医院进行急诊治疗。

防止牙痛关键在于保持口腔卫生，早晚坚持刷牙，饭后漱口。

预防牙病还要应用"横颤加竖刷牙法"，刷牙时要求运动的方向与牙缝方向一致。这样既能达到按摩牙龈的目的，还能改善周围组织的血液循环，减少牙病所带来的痛苦。

指甲受伤时怎么办？

现在的女孩子大都喜欢对指甲进行美容，就连平时也对指甲爱护有加。但在日常生活中，指甲被挤掉的意外事故常有发生，有时，甚至因意外而出现指甲缝破裂出血的现象。

当指甲被挤掉时，关键要防止细菌感染。应急处理时，首先将挤掉指甲的手指，用纱布、绷带包扎固定，再用冷袋冷敷，然后把伤肢抬高，立即去医院。

当指甲缝破裂出血时，可在蜂蜜中兑一半温开水，搅匀，每天涂抹几次，便可逐渐愈合。有些男生可能会在指甲破裂的治疗期间，继续打球，但在打球之前，一定要用橡皮膏将手指末节包2~3层，加强保护，打完球后立即去掉，以免引起感染。

假如因外伤而引起甲床下出血，血液未流出，使甲床根部隆起，疼痛难忍不能入睡时，可在近指甲根部用烧红的缝衣针扎一小孔，将积血排出，消毒后对指甲进行包扎。如果指甲没有完全脱落，不要强行将其剥离。

当指甲受伤时，需要注意以下几点：

（1）如果是在夜间手指甲被挤掉而不能去医院时，应对局部进

行消毒处理,如果家里有抗生素软膏,可以先涂上一层,第二天再去医院诊治。

(2)平时不要把指甲剪得太"秃",否则会造成指甲缝破裂出血。

(3)有指甲破裂出血史的人,在日常的膳食中应注意多吃些含维生素 A 多的食物,如白菜、萝卜、韭菜和猪肝等,以增加皮肤的弹性。

不小心"闪腰"了怎么办?

闪腰在医学上称为急性腰扭伤,是一种常见病,多由姿势不正、用力过猛、超限活动及外力碰撞等原因造成的软组织受损。

搬重物或者突然被人撞了一下,都可能闪着腰,甚至伸个懒腰、打个哈欠、咳嗽一声也会出现闪腰。

在日常生活中,一旦发生"闪腰",要及时妥善处理,并注意休息,最好睡木板床,下面加一条垫被。尽量不要睡弹簧床,因为过于柔软的弹簧会使脊柱发生侧弯,导致腰部疾病加重。同时,要尽早去医院治疗,也可酌情选用以下几种方法进行自救:

(1)蹲起法:让患者蹲下,两手手臂朝上伸直,两掌相对。另一人蹲下用右手大拇指和中指按捏患者腰部最痛处的左右两点,使患者感到疼痛的同时又很舒适,然后两人同时慢慢站起来,再慢慢蹲下。若能出汗,效果更佳。

(2)按摩法:闪腰者取俯卧姿势,家人用手掌在脊柱两旁,从上往下揉压,至臀部向下按摩到大腿下面、小腿后面的肌群,按摩数次后,再用大拇指在最痛部位按摩推揉几次。

（3）热敷法：用炒热的盐或沙子包在布袋里，热敷扭伤处，每次半小时，早晚各1次，注意不要烫伤皮肤。

（4）药物外敷法：取新鲜生姜，将内层挖空，把研细的雄黄放入生姜内，上面用生姜片盖紧，放瓦上焙干，把生姜焙成老黄色，放冷，研成细末，将其撒在伤湿膏上，贴患处，痛止去药。

夏天中暑时怎么办？

夏天，如果长时间处于闷热潮湿的环境当中，以及在炎热的天气里长途行走、过度疲劳等情况下，均容易导致中暑。

如果出现大量出汗、口渴、头晕、胸闷、恶心，甚至全身无力、注意力不集中等现象时，应想到是中暑的征兆。此时，应尽快远离高温潮湿的环境，转移至阴凉通风处休息，喝点糖盐水或其他饮料，并在头部两侧的太阳穴处擦些清凉油，经过一段时间的休息后便可恢复正常状态。

当发现有人中暑倒下时，要根据病人不同的症状给予不同的治疗。如果是在潮湿闷热的环境中大量运动，导致过度疲劳，出现面色苍白、皮肤湿冷、心慌、呼吸困难的病人，应立即将病人抬到阴凉通风处躺下，并松解衣领以及腰带，让其保持呼吸畅通。然后，用凉毛巾湿敷前额及颈部，注意不要进行其他任何降温处理，以免使症状恶化。对于昏迷不醒的病人，则可针刺或用手指甲掐病人的人中穴、内关穴及合谷穴等，促使病人苏醒，然后给予足量的清凉饮料或糖盐水，以补充出汗所造成的体液损失。

清醒后的病人，必须在凉爽通风处充分安静休息，并饮用大量糖盐水以补充体液损失。因为此时体内的抗中暑机能处于疲劳状

态,如果再重新回到闷热潮湿的环境中或参加体力活动,其后果会比上次中暑更为严重。

洗澡时突然晕倒怎么办?

有些人在洗澡时经常会出现头晕、心慌、四肢乏力等现象,严重时甚至会跌倒在浴堂,造成外伤,这种现象也可称之为"晕塘"。出现这种现象,多因为有贫血症状,洗澡时水蒸汽使皮肤及细血管开放,血液集中到皮肤,影响全身血液循环;也有可能是在洗澡前数小时未进食而导致血糖过低。

如果有这种情况出现,不必惊慌,只要迅速离开浴室并躺下,再喝一杯热水,便可逐渐恢复正常。

假如情况较为严重,也要放松休息,取平卧位,最好用东西,如书、衣服等把腿垫高。等病情稍微好转之后,再把窗户打开通风,用冷毛巾从上至下擦拭身体,然后穿上衣服,头向窗口,即可恢复。

为防止洗澡期间出现不适,应尽量缩短洗澡时间或间断洗澡。另外,洗澡前可以喝一杯糖开水。此外,应注意以下几个方面:

(1)有心绞痛、心肌梗死等心脏病的患者避免长时间洗澡。

(2)平时注意锻炼身体,提高体质,稳定肌体神经调节功能。

(3)为了预防洗澡时突然昏倒,浴室内应安装换气排风扇,这样可保持室内空气畅通。

(4)洗澡时禁忌吸烟,洗完之后应立即离开浴室。

下巴脱位怎么办?

人们的张嘴和闭嘴是通过下颌关节的活动来完成的,但是这

一口气读懂自救常识

种运动也有一定的限度，如果超出它的活动范围，就会出现下巴脱位的情况。

在日常生活中，经常会发生这样的情况：在一阵哈哈大笑之后，由于张嘴过大，突然闭不上嘴，上下牙也无法合上，而且还出现流口水的现象，说起话来也支支吾吾，下巴向下垂，脸明显拉长，这就是人们通常所说的掉下巴。

当下巴脱位时，可以采取以下措施进行处理：

(1)当下巴脱位后，不要过于着急。复位人可以将家中常用的方凳放倒，让下巴脱位者靠墙而坐，头贴着墙，这样下巴就会低于复位人的肘关节，复位时容易用力。

(2)复位人的双手拇指用手绢等物裹上，伸进脱位者的嘴里，放于两边后牙的咬合面处，将其余的4根手指放于嘴外边下颌骨的下缘。

(3)复位之前，先将患者的注意力转移，然后用力压下颌，同时将颏部向上端，这样可以使下颌骨的髁状突呈弧状转动到结节的下面，接下来只要轻轻往后一推，便可以使髁状突滑至原来的关节腔里。此时，复位人应立即将双手拇指滑至后牙的外边，以免被咬伤。

此外，还需注意的是，下巴复位后，最好用绷带将下巴托住，几天内不要张大嘴，以免形成习惯性脱位。

沙尘入眼怎么办？

在大风天气出行，很容易被沙尘迷住双眼，这时眼睛会立即感到一阵磨疼，甚至无法睁开，从而引起眼部疼痛以及反射流泪，严

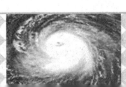

重的会造成眼球损伤。当沙尘入眼后，千万不要用手揉擦眼睛，以免眼角膜被异物擦伤或手上的细菌污染眼睛，从而引起发炎。

当沙尘入眼时，可以采取以下几种方法进行处理：

（1）先将眼睛闭起来稍作休息，待眼泪大量分泌、不断夺眶而出时，再将眼睛慢慢睁开并眨几下。在多数情况下，大量的眼泪会将眼内的沙子冲洗出来。

（2）如果眼泪无法直接将沙子冲洗出来，可以在盆中倒入一些凉开水，将双眼轻轻闭上，然后把面部浸入盆中，双眼在水盆中眨几下，这样水流就可以将眼内的沙子冲洗出来；也可以撑开患眼，直接用水冲洗眼睛。

（3）如果上述方法都无法使沙子冲出，可以将眼皮翻开，然后用干净的毛巾或手帕蘸凉开水将沙子轻轻擦掉；如果条件允许，还可用棉签蘸生理盐水轻轻进行擦拭。

（4）如果以上方法都无效，很可能是沙子已经陷入眼组织内，这时应迅速前往医院请眼科医生取出，切勿用针挑或其他不洁物体擦拭，否则会损伤眼球，致使眼睛化脓感染。待沙子取出后，可以滴入适量的眼药水或擦一些眼药膏，避免感染。

石灰入眼怎么办？

石灰在生活中经常可以见到，是非常危险的，在工地或者农村，石灰入眼的情况经常会发生。当石灰入眼时，如果处理不及时，就会对眼睛造成很大的伤害。然而，及时冲洗固然很重要，但由于石灰本身的特点，在冲洗时一定要讲究正确的方法。

一旦出现石灰入眼的情况，应及时采取措施之后再前往医院

一口气读懂自救常识

救治,切莫在没有冲洗的情况下就去医院找医生诊治,因为,这样会使化学物质停留在眼睛内,持续起化学作用,并使化学物质不断渗入眼内,即便已经找到医生进行急救处理,但因为耽搁了及时冲洗时机,渗入眼内的化学物质便无法取出,最终导致眼内组织损伤,甚至会出现视力下降的情况。

如果是生石灰粉浆进入眼睛,最好的处理方法就是迅速将头伸入大盆清水中反复冲洗20分钟左右。如果是石灰粉沫进入眼睛,切勿直接用清水进行冲洗,也不要用手揉擦眼睛,应先用棉签或干净的毛巾或手帕将生石灰粉拨出后再进行冲洗,这样做的目的是防止生石灰遇水生成碱性熟石灰,灼伤眼睛。

误饮洗涤剂怎么办?

目前,各种日用化学用品逐渐增多,且不断涌进人们的家庭当中。各种洗涤剂也以其方便、实用、价格相宜为人们所用。但是,如果保管不当与食物混放、出于好奇心等种种原因不慎饮用,后果将不堪设想。那么,当出现误饮洗涤剂的情况我们应该怎么办呢?

因所饮的洗涤剂不同,救护的办法也相应地有所不同。在洗涤剂中属洗衣粉的用途最为广泛,也最容易被误食,尤其是小朋友的无知,最容易发生这种情况。洗衣粉的主要成分为月桂醇硫酸盐、多聚磷酸钠及荧光剂,人不慎饮用后会出现胸痛、恶心、呕吐、腹泻、吐血和便血等症状,并伴有口腔和咽喉疼痛。当误食洗衣粉后,应及时予以催吐,在催吐后可以喝些牛奶、鸡蛋清、豆浆、稠米汤等,同时立即送医院救治。

洗涤餐具、蔬菜以及水果的洗涤剂也非常容易误饮,它的主要

成分是碳酸钠、多聚磷酸钠、硅酸钠和一些界面活性剂，其碱性要强于洗衣粉。由于它的碱性强，因此对食道以及胃的破坏性也比较大，其产生的后果也比较严重。如果不慎误饮，应马上内服约 200 毫升牛奶或酸奶、水果汁等，同时可以给予少量的食油，以达到缓解对粘膜刺激作用，并及时送往医院救治。

供洗涤卫生间用的洗厕剂通常来说很少发生误服的现象，大部分为故意服用。由于这种洗涤剂的毒性很强，后果会更为严重。在这些洗涤剂中，液体洗涤剂一般用盐酸、硫酸来配制；而粉末洗涤剂的主要成分是氨基磺酸，很容易溶于水中，也属于强酸性一类。误服这些强酸性的洗涤剂很容易造成食道以及胃的化学性烧伤，治疗起来也比较困难，因此，一旦出现口腔、咽部、胸骨后和腹部发生剧烈的灼热性疼痛，呕吐物中含有大量褐色物体以及粘膜碎片等症状时，应警惕强酸性洗涤剂中毒，迅速口服牛奶、豆浆、蛋清以及花生油等，并及时送往医院救治处理。切忌进行催吐、洗胃以及灌肠。

鞭炮炸伤眼睛怎么办？

眼睛不小心被爆竹崩伤，轻者眼皮、结膜、角膜被烧伤，重者可能会导致眼睛失明。那么，一旦被鞭炮炸伤眼睛，该怎么办呢？

及时将伤者眼部、面部的污物和沙石颗粒等小心清除，可以直接用清水冲洗创面，因为清水不但可以清除尘土等细小的异物和血迹，还可以使被烧伤的局部组织降温，并清除创面残留的化学物质，减少损害。如果皮肤表面已经有水疱形成，不要将其刺破。此外，不要在水疱上涂龙胆紫等有颜色的药水或药膏，防止出现感染

一口气读懂自救常识

的情况。临床上经常会见到涂着药膏前来就诊的患者,医生为了观察和判断病情,第一步就会将药膏清除,这样不但会增加清创的难度,还会给伤者带来一定的痛苦。

人的面部布满很多血管,如果出现小血管破裂而引发出血不止的情况,在就诊前可以用干净的纱布或毛巾用力将伤口压住,这样能够起到止血的作用。

如果伤情比较严重,如眼球破裂伤、眼内容物脱出等,受伤者的眼睑会出现高度肿胀、淤血的情况,导致眼睛睁不开,此时,不要强行将眼睑扒开或去除脱出眼外的组织,应用清洁纱布或毛巾覆盖后立即送往医院救治。

脚扎入铁钉怎么办?

脚不小心踩到铁钉后,应及时彻底地将钉子拔除,再采取以下措施进行处理:

(1)将钉子拔除后,还应挤出一些血液,因为钉子通常扎得比较深,容易引起感染。

(2)将伤口上的污泥、铁锈等物去除,用纱布进行简单包扎后,再迅速前往医院进一步诊治。

(3)踩到细铁钉或铁针,如果铁钉或铁针是断钉、断针,千万不要将其丢弃,将其带到医院,供医生判断伤口深度作参考。

(4)脚不小心扎进钉子,尤其是锈钉子、带泥土的钉子,很容易患破伤风,须迅速去医院注射破伤风抗毒素预防针。

手指被门窗夹了怎么办?

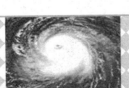

手指被门窗、抽屉等夹住,看起来不是大问题,但如果情况比较严重,很可能造成指头被夹断、指甲脱落、关节内出血等情况,如果没有妥善处理,则会使伤情更加严重,后果更加恶化。

当手指被夹了,可以采取以下措施进行处理:

(1)如果夹伤不是很严重,只有少许出血,可以先对伤口周围进行消毒,再用消毒纱布进行包扎。

(2) 如果夹伤比较严重,导致疼痛难忍,将伤口消炎包扎后,可以用厚纸板从指头下方支撑,缠上绷带加以固定,然后用三角巾将手臂吊起来挂在脖子上。

(3)避免夹伤的指头浸入水中。

(4)如果出现青紫瘀血、压痛明显、不能活动等现象,很有可能是指头骨折,应迅速前往医院就诊。

手指被割破怎么办?

手指被刀、玻璃、铁器等割破,是日常生活中经常发生的事情,如果不予重视或处理不当,可能会导致伤口恶化,轻者发炎、疼痛,重者引发严重疾患。

当手指被割破时,可以采取以下措施进行处理:

(1)如果伤口不大不深,出血不多且伤口干净,可用酒精对伤口及周围进行消毒,注意避免将消毒液弄进伤口内,待干后用消毒纱布覆盖包扎,或用创可贴粘贴。

(2)如果伤口不干净,要先用碘酒沿周围皮肤消毒1次,再用酒精消毒两次,然后用加少量食盐的冷开水冲洗伤口,冲洗时用药棉轻轻擦拭伤口,去除泥土和其他异物,最后再对伤口周围的皮肤消毒 1 次,以纱布覆盖包扎。

(3)如果伤口切缘整齐并且干净,长度在 2 厘米之内,深度不超过 1 厘米,或虽不干净,但经过消毒处理后,在受伤后 8 小时内,可用创可贴或止血消炎贴黏合,让伤口渐渐合拢,促使其愈合。

(4)如果没有创可贴,也可用消毒纱布将伤口覆盖,但不要用消毒纱布直接接触伤口,可在伤口处涂上一些消炎药等敷料后,再用消毒纱布进行包扎。

(5)为了避免感染,可以服用一些消炎药,如麦迪霉素每次 0.2 克,每日 4 次;或复方新诺明 2 片,每日 2 次。

(6)如果伤口比较深,接触泥土或脏物,还须速去医院注射破伤风抗毒素。

木刺扎进手指怎么办?

被刺伤的伤口大小或出血多少并不是最重要的,重要的是应该注意有无木刺残留在伤口中。由于木刺等残留物可以使伤口化脓,而被刺伤的伤口往往又深又窄,更加有利于破伤风细菌的侵入、繁殖和感染,因此,必须及时将异物取出,消除隐患。

当木刺扎进手指后,如果已经将木刺完整拔出,可再轻轻挤压伤口,将伤口中的瘀血挤出来,以降低伤口感染的机会,然后用碘酒对伤口及周围消毒 1 次,再用酒精涂擦 2 次,最后用消毒纱布包扎好。

如果伤口内留有木刺,在对伤口周围进行消毒后,可用经过火烧或酒精消毒的镊子设法将木刺完整地拔出来。如果木刺外露的部分很短,且镊子不能夹住时,可以用消毒过的针挑开伤口的外

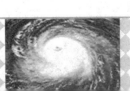

皮,适当将伤口扩大,使木刺尽可能地外露,然后用镊子将其夹住轻轻拔出,将伤口再消毒一遍后用干净的纱布包扎好,为防止伤口感染,最好服新诺明 2 片,每日 2 次,连服 3~5 天。如果木刺刺进指甲里,应及时去医院,由医生先将指甲剪成 V 形再拔出木刺。

最后值得注意的是,被木刺扎进很深时,取出木刺后,应到医院注射破伤风抗毒素(TAT),以防万一。

被狗咬伤怎么办?

被狗咬伤时,可以采取以下措施进行处理:

(1)立即对伤口进行冲洗。此时洗的方法最为关键,因为伤口像瓣膜一样多半是闭合着的,因此必须将伤口掰开后再进行冲洗;用自来水冲洗伤口,虽然会出现疼痛感,但只有将伤口仔细地冲洗干净,才能防止感染的可能;待冲洗完毕后,要用干净的纱布将伤口盖住,并及时去医院诊治。

(2)如果是被疯狗咬伤,即便是最小的伤口,也有感染狂犬病的可能,同时还能感染破伤风,伤口易化脓。因此,患者应及时去医院注射狂犬病疫苗和破伤风抗毒素预防针。

另外,也要注意以下几点:

(1)被病狗咬伤是非常危险的,经常有人被病狗咬伤而发生破伤风最终导致死亡。

(2)温血动物,包括人在内,牙齿上会存在各种细菌和病毒,狗咬伤的伤口深且形状复杂,刚好适于细菌的繁殖。

(3)一般情况下,在家中最好不要养狗,如果发现病狗要及时进行严格地处理,特别是患狂犬病的病狗应立即击毙。

被猫咬伤怎么办？

很多人喜欢养宠物，其中猫和狗是最受宠爱的。但被宠物咬伤也是很常见的事情，当被猫咬伤时，该如何处理呢？

被猫咬伤后，伤口会出现局部红肿、疼痛等现象，情况严重的还可能引起淋巴管炎、淋巴结炎或蜂窝组织炎，如果猫染有狂犬病，其后果更为严重。因此，一旦被猫咬伤，必须及时采取以下措施：

（1）如果四肢被咬伤，应在伤口上方结扎止血带，然后再做清创处理。

（2）先用清水、盐开水或 1:2000 高锰酸钾溶液对伤口进行冲洗，然后再用碘酒或 5%石碳酸局部清理伤口；其他部位的伤口处理同四肢；如果伤势比较严重，应及时送往医院急救。

（3）如果是在狂犬病的流行时，猫咬伤的处理方法应参照狗咬伤的处理方法，以防止狂犬病。

被老鼠咬伤怎么办？

被老鼠咬伤的伤口很小，容易被忽视。由于老鼠可以传播很多种疾病，因此被老鼠咬伤后应及时采取处理措施。

（1）清创伤口。伤者应及时用 20%的肥皂水或 0.1%的新洁尔灭溶液对伤口进行反复冲洗，待干净后，可用 2%的碘酒或 75%的酒精对伤口进行消毒处理，但是不要进行包扎。

（2）湿敷并服药。被老鼠咬伤的局部可以用浓石碳酸进行涂抹或者用 0.02%的呋喃西林液进行湿敷，也可以用青霉素、四环素等

进行预防性治疗。

(3)注射狂犬病血清。待伤口处理完毕后,如果咬伤严重,应及时去当地的防疫部门注射狂犬血清。

(4)注射狂犬病疫苗。在注射狂犬病血清最少3小时后再接种狂犬病疫苗,这样才能有效预防鼠疫。同时,在捕捉老鼠时应及时做好个人防护措施,并养成良好的卫生习惯,经常洗手、不吃不干净的食物,一定要将蔬菜、瓜果洗干净;如果发现食物有被老鼠啃咬的痕迹,千万不要食用。

被甲鱼咬住怎么办?

甲鱼即人们常说的鳖,被咬住的情况一般发生在将它捉住时。而人被咬住以后,常常表现得惊慌失措,不是用劲甩,就是用力硬拽,其结果是不仅没有挣脱,反而被越咬越紧,甚至甲鱼头缩进壳内,以致造成严重的皮肉损伤。

当被甲鱼咬住时,我们应该怎么办呢?

较为有效的办法是,被甲鱼咬住以后,保持镇静,停止活动,将甲鱼浸入水中。因为甲鱼进入水中以后,就会出于一种生存的本能,最后会自动松口。

还有一种办法,就是将头发丝或细草插入甲鱼头部两侧的小孔内,这个部位便是甲鱼的耳部,此处非常敏感,一旦受到外界刺激,便会立刻松口。

当解脱甲鱼以后,应尽量从伤口内挤出少量血液,并用75%的酒精或红药水进行擦拭消毒,以免引起伤口感染。如有条件,还可以注射一支破伤风抗生素,以免发生破伤风的情况。

惊厥时怎样处理?

惊厥又称惊风,是小朋友较为常见的中枢神经系统器质性或功能性异常的一个严重症状。通常表现为小朋友没来由的突然产生全身或局部抽搐痉挛、表情迷糊、神志不清等现象。

儿童体温调节中枢不稳定,对外界刺激过于敏感,经常会出现不明原因的发烧。如果在发烧过程中小朋友精神状态良好,父母就不要大惊小怪,但是如果孩子出现高烧,甚至体温达到 40℃以上时,就应该多加注意了,因为高烧状态可能会引起大脑皮层的过度兴奋,而出现全身或局部的肌肉痉挛或抽搐,即是惊厥(或抽风)。

面对这种情况,应及时采取以下措施:

(1)要降温,将房间的窗户打开,让空气流通,保持室内空气新鲜。小朋友出汗多时用毛巾擦干身体,换一套贴身衣服,并多喝白开水或果汁。

(2)用冷湿毛巾置于腋窝、腹股沟、膝关节窝处,每 3~5 分钟更换一次。因为这些地方是血管比较丰富的部位,并且离体表近,易于散热。

(3)将孩子放到约 32℃~34℃的温水中,浸浴 10~15 分钟,然后用毛巾包裹擦干身体,并口服退烧药,如阿苯片。

当孩子出现惊厥现象时,应立即解开孩子的衣扣,以免影响呼吸;用干净的纱布或手绢,叠放在上、下齿之间,以防咬破舌头,但也不要塞入过猛或把口腔塞得过满,以免阻碍呼吸造成窒息。尽量让孩子的头歪向一侧,可以保持呼吸道通畅,同时也便于呕吐物的排出;用手指压人中,促使孩子清醒;如果体温在 39℃以上,可采取

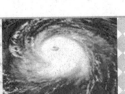

降温措施,并迅速送医院就诊。

吃错药了怎么办？

人们常常因为忙乱、粗心等原因而出现吃错药或过量服药甚至误服毒物的情况。

要弄清楚自己吃的是什么药或毒物。假如弄不清楚,就要将装药品或毒物的瓶子以及呕吐物,一起带往医院检查,然后根据误服药物或毒物的不同来采取相应的措施,及时进行救治。

假如是过量服用了维生素、消炎药、健胃药等,一般情况下问题不大,可以大量饮水,让大部分药物从尿液中排出来或将其呕吐出来便可。

若是服用了大量的安眠药、有机磷农药、石油制品及强酸强碱性化学液体等毒性或腐蚀性较强的药物时,应立即前往医院抢救。假如医院离家比较远,在呼叫救护车的同时应及时采取相应的措施,立即催吐及解毒。

进行催吐的目的是尽量将胃内的毒物排出,以便减少毒物的吸收。如果是误服安眠药、有机磷农药,可以大量饮用温水,然后用手指深入口内刺激咽部进行催吐。这样反复进行不少于 10 次,直到吐出物澄清、无味为止。催吐要及时进行,如果服毒时间超过 3~4 个小时, 此时毒物已经进入肠道, 再进行催吐就失去了原有的意义。此外还要注意:如果是已经昏迷或误服汽油、煤油等石油产品的患者,则不能进行催吐,否则会出现窒息。

假如是误服强酸强碱性化学液体,应该及时服用牛奶、豆浆、鸡蛋清,以减轻酸碱性液体对胃肠道的腐蚀。若是有机磷农药中

毒,呼出来的气体中会带有一股蒜味,此时可以喝些肥皂水反复进行催吐解毒,同时立即送往医院救治。

误食干燥剂怎么办?

为了延长物品的使用期限,很多糖果、饼干或者家用电器等日常生活用品的包装内,都会存放干燥剂。有些粗心的人,慌忙中便将干燥剂与物品一齐吃下去。

市场的干燥剂主要有氧化钙、硅胶、三氧化二铁、氯化钙。

氧化钙即我们通常所说的生石灰,因氧化钙遇水时会变成氢氧化钙并释放热量,如果误食此种干燥剂,就会灼伤口腔或者食道,此外,氢氧化钙呈碱性,对口、咽、食道有很大腐蚀作用,如果不慎溅入眼中,就会导致结膜和角膜损伤。如果误食此种干燥剂,切勿进行催吐,应迅速口服牛奶或水,但要注意,不要用任何酸类物质来中和,因为中和反应释放出的热量有加重损伤的可能。如果干燥剂不慎溅入眼睛,应及时用清水、生理盐水从鼻侧往眼侧冲洗15分钟,然后送往医院。如果皮肤被污染,应用大量清水将其冲洗干净。

硅胶是另一种常用的干燥剂,呈半透明颗粒状。它在胃肠道内不能被吸收,可由粪便排出体外,一般情况下对人体没有毒性。因此,误食此种干燥剂后不需要做特殊处理。硅胶的刺激性比较弱,只需多喝水将其稀释便可,如果患者服用量过多,甚至出现恶心、呕吐、腹痛、腹泻等症状,就有造成铁中毒的可能性,应尽快就医。

氯化钙和三氧化二铁的刺激性也比较弱,只要喝水稀释就可以了,喝水量以误食者体重每千克1~2毫升为准,但氧化钙中毒者

喝水不宜过量,否则会造成呕吐,返流时容易使食道再次灼伤。

灼伤后怎么办?

灼伤是工业生产以及日常生活中常见的一种损伤,包括高温(火焰、沸水、蒸气、热油、灼热金属)、电流(高压电)、化学物质(强酸、强碱)以及放射线(X射线、γ射线)等引起的机体组织灼伤。

如果是被开水、蒸气或火等小面积、浅度的烫伤或烧伤,则可以立即用冷水或冰水,将伤口浸泡半个小时到1个小时。直到离开冷水后没有疼痛感时,再用干净的敷料、绷带包扎好,如果情况严重就要及时送往医院。平时最好在家中备些烫伤、烧伤的药物,以防万一。

假如是头部或呼吸道被烧烫伤,为防止发生休克,除了用冷水进行紧急处理外,还应多饮盐水,这样不仅可以补充伤者血容量,还能减轻休克程度,然后立刻去医院。

如果是被电烧伤,首先要做心肺复苏抢救生命,然后处理创面。创面保护用敷料包扎,假如没有敷料,可用清洁的床单、被单、衣服等包裹并转送医院。尽量减少途中颠簸,保持呼吸道通畅,无活动性出血,休克基本控制。如果是重度烧伤,则要在8小时内送到医院救治,如果在休克期以后(伤后48小时)再送,在转运的途中要输液,并及时采取抗休克措施。

轻度或中度烧伤者,可以饮用烧伤饮料(每1000毫升水中加氯化钠3克、碳酸氢钠1.5克、葡萄糖50克),伤后忌饮白开水。如果是重度烧伤,则必须对静脉进行输液以防休克,并肌肉注射杜冷丁50~100毫克或吗啡6~10毫克,以镇静、止痛。

一口气读懂自救常识

异物入耳时怎么办？

异物入耳也就是异物被塞进外耳道，一般分为非生物性异物和动物性异物两种。前者小朋友中发生得较多,因为小朋友喜欢玩具、小石头、纸片、豆类等,不小心就会让其进入外耳道内;后者是小昆虫爬入或扑进外耳道。

当异物入耳时,可以采取以下措施进行救护:

(1)如果是小虫入耳时,可以用手电筒等接近耳边对外耳道进行照射,或者对准耳朵吹入香烟的烟雾,便可将小虫引出来。还可以在耳中滴入1滴橄榄油,便可将小虫杀死,然后将耳朵倾斜一边,让被杀死的小虫跌出来。

(2)如果是玩具、小石头、纸片、豆类等物体进入耳中,可以用单脚顿跳几次,塞入的物体就有跳出来的可能。

(3)如果是水进入耳朵,就可以顺着头部单脚地跳几下,或者用牙签的签头缠着棉花轻轻探入耳中,将水分吸干。

假如采用以上几种方法2~3次都没有将耳中的异物取出时,就要及时找医生取出,不要让异物留在耳中不加理会,尤其是幼儿,更应趁早进行处理,以免伤害耳部。

异物进入胃部如何救护？

当异物进入胃部时，如果没有引起呼吸障碍，就不需太过惊慌。如果强硬使进入的东西吐出，有时反而会发生误入气管的危险,因此,一旦有异物进入胃部,应小心翼翼地处理,不要乱用药物或者吐泻剂，   应及时去医院治疗以及进行X光线的检查,在确

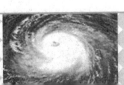

认了异物的位置之后,才可正确地采取各种处置方案。

无论是幼婴或大人,都经常会不小心将铜笔套、硬币、棋子、玩具的小零件、扣针、钉子、钮扣或者假牙等东西吞入胃中,这些不小心被吞下的东西,很多都会同胃中的各种纤维食物混在一起,从而自然地被排泄出体外。最好去医院检查一下,以便确认所吞下的东西是否已经被排出体外还是仍然留在胃部。

如果进入胃里的东西,在经过各种适当的处理之后,仍然不能被排出体外,而引起肠管的损伤等,一定要通过手术将异物取出。但这种情形与异物哽喉的情形不同, 不会立刻出现呼吸障碍或着窒息死亡的危险,因此,不要过于惊慌,应坐下或者卧床,不要随便走动。

酒精中毒怎么办?

饮酒过量就会导致醉酒,引起急性酒精中毒。

对中度以上酒精中毒的病人,应及时送往医院,进行洗胃、输液等治疗,如果抢救及时,通常不会留下后遗症。对轻度酒精中毒者,应迅速采取解酒措施,以减轻酒精对机体的伤害。

假如喝酒喝到烂醉的地步, 就会引起急性乙醇中毒。严重的人,如果血中酒精浓度上升到 0.6% 左右,就会导致呼吸麻痹、呼吸骤停,这是醉酒死亡最常见的原因。

一旦出现酒精中毒,应及时采取以下措施:

(1)让醉酒者安静睡下,冬天注意保暖,头部给予冷敷。

(2)尽快催吐。可用筷子刺激咽部进行催吐,以减轻酒精对胃黏膜的刺激程度。

（3）多喝水。包括温开水、淡盐水、糖水或蜂蜜水等，以降低血中酒精浓度，并加快排尿，使酒精随尿迅速排出。

（4）多吃水果。如梨、橘子、苹果、西瓜、番茄等，用果糖将乙醇烧掉。

（5）可服用维生素 B_1 和维生素 E，促进乙醇的分解。

（6）醉意比较浓的，可以用白糖 5 克，再加食醋 30 毫升，等到白糖溶解之后，一次饮服。

在采取措施的过程中，如果是饮酒过量而导致的狂躁症状，千万不要使用镇静剂，也不要用手指刺激咽部进行催吐，因为这样会使腹内压增高，致使肠内溶物逆流而引起急性胰腺炎。

煤气中毒怎么办？

煤气中毒主要指一氧化碳中毒或液化石油气、管道煤气、天然气中毒，前者常见于冬天用煤炉取暖时门窗紧闭，排烟不良导致，后者常见于液化灶具漏泄或煤气管道漏泄等。

家庭中如果发生煤气中毒的情况，应及时采取以下措施：

（1）迅速将门窗打开，将病人移至通风良好、空气新鲜处，并注意保暖。及时查找煤气漏泄的原因，以排除隐患。

（2）将衣扣松解开来，保持呼吸道畅通，清除口鼻分泌物，如果发现呼吸骤停，应立即进行人工呼吸，并作心脏体外按摩。

（3）进行针刺治疗，取穴为太阳、列缺、人中、少商、十宣、合谷、涌泉、足三里等。轻、中度中毒者，针刺后可以逐渐苏醒。

（4）如果是中、重型煤气中毒患者，应立即给予氧气，条件好者应立即转往医院高压氧舱室作高压氧治疗，这样不仅可使患者苏

一口气读懂自救常识

27

醒,还可减少后遗症。

(5)立即在静脉处注射50%葡萄糖液50毫升,加维生素C 500~1000毫克。轻、中型病人可持续用2天,每天1~2次,不仅可以补充能量,还能进行脱水,早期应用可预防或减轻脑水肿。

煤气中毒缓解之后,应坚持每天早晨到公园或在阳台进行深呼吸运动、扩胸运动,每天持续30分钟左右。轻、中型中毒者应连续晨练7~14天;重型中毒者可根据后遗症情况,连续晨练3~6个月。继续服用金维他每天1~2丸,连服7~14天;或维生素C 0.1~0.2克,每天3次;也可以适当服用维生素B_1、维生素B_6以及复合维生素B等。

汽油中毒怎么办?

汽油中毒主要有3种途径,即蒸气吸入、不慎吸入和直接入口中毒。汽油具有溶解脂肪和类脂质性能,进入人体后,可以对机体的神经系统进行选择性地损害。由呼吸道吸入时,便可引起剧烈地咳嗽、胸痛,继而出现发热、咯血痰、呼吸困难、发绀、头昏、视力模糊等现象,重则还会出现恶心、呕吐、痉挛、抽搐、血压下降、昏迷等症状。

当汽油中毒时,可以采取以下措施进行处理:

(1)立即向"120"急救中心呼救。

(2)使中毒者脱离中毒环境,并去除污染衣裤鞋袜。

(3)静卧、保暖、吸氧。

(4)地塞米松静脉滴入。

(5)抗生素防肺部感染。

(6)口服中毒者立即服色拉油 200 毫升以减少吸收,若口服汽油量较多时,可用色拉油洗胃。

刺激性气体中毒时怎么办?

刺激性气体一般常见于工农业生产的环境当中,且很有可能因为意外事故而危害周围的人群。刺激性气体主要对呼吸道黏膜、眼及皮肤有着直接刺激的作用,而呼吸道是有害气体侵入人体的主要途径。当吸入刺激性气体后,轻者会出现上呼吸道刺激或支气管炎症状;重者可能会导致中毒性肺炎或中毒性肺水肿,且还有发展成为成人呼吸窘迫综合征的可能。

一旦出现刺激性气体中毒的情况,可以采取以下方法进行处理:

(1)立即远离有刺激性气体的环境,对于成酸性气体,可以用 5% 的碳酸氢钠溶液雾化吸入;而成碱性气体用 3% 硼酸溶液雾化吸入,可以起到中和的作用,以缓解呼吸道刺激的症状。

(2)如果出现频繁咳嗽,并有气急、胸闷等症状时,可以用 0.5% 的异丙基肾上腺素 1 毫升和地塞米松 2 毫克,加水至 3 毫升雾化吸入,需要时应用解痉、祛痰、抗感染药物。在吸入水溶性小的刺激性气体后,即便当时的临床表现比较轻微,也应卧床休息,保持安静,注意继续观察 72 小时。

(3)如果出现气急、胸闷等症状,应及时给予氧气吸入,一般情况下,采用鼻导管吸入的方式,氧流量 5~6 升/分钟;肺水肿时应用有机硅消泡剂;发生急性呼吸窘迫综合征时,则采用加压给氧的方式;病情严重的患者应防止窒息发生,必要时进行气管切开,纠正

酸碱失衡和水、电解质紊乱,积极处理并发症。

女性被跟踪时怎么办?

女性独自在夜晚或者偏僻的地方行走时,一旦发现有人跟踪,往往会表现得惊慌失措。其实,只要平时掌握了一些必要的防身知识,在坏人跟踪或者其他紧急情况下便可以起到镇定情绪、随机应变、预防伤害的作用。要摆脱跟踪和预防伤害,就需掌握一些必要的技巧。

在行走时,如果听到身后有紧跟不舍的脚步声,或者看到有人影跟踪,应该加快脚步;假如身后的脚步也快了起来,就应快跑起来。如果受到攻击,应该想方设法进行反击。

首先,要敢于尖叫,如果没有效果,就要拼命反击。事实上,从发觉有人跟踪的那一刻起,就要考虑身上有哪些东西可以作为反击的武器,并将武器握在手中以防万一。反击时,以下方法可以起到一招制敌的效果:

(1)可以用雨伞的尖端猛刺对方的要害部位。

(2)可以用梳子带齿的一方在对方的鼻子底下进行横切。

(3)可以将指甲刀、发夹、安全别针或圆珠笔捏在手心,并将每件东西的尖端从指缝间露出来,必要时就可用来进行攻击。

(4)可以将粉底盒中的粉或者发胶水喷到对方的眼睛里。

(5)可以将硬币夹在手指之间,并捏紧拳头。

(6)可以用手抓紧背包的皮带,随时准备给对方一击。

在被对方攻击的情况下,进行大声喊叫、撕扯,表现出疯狂的模样是有用的。必要的时候还要学会假装痛苦,如果你表现出一副痛苦的模样，攻击者也可以感觉很满足。在进行反击的时候，不妨大声喊叫，这样可以起到使对方害怕的作用。

但是有的时候，会被跟踪的人一把从后面抱住。这时会出现两种情况，一是被人用胳膊扼住了喉咙，假如对方是用右胳膊扼住了你的喉咙，那么他的右脚就有朝向前的可能，而且就在你的脚下（反过来也一样），此时，你可以用脚跟使劲踩他的脚背；第二种情况是有人用手在后面掐住了你，此时你可以抓住任何一只手，猛地向后拗，然后将其手从头侧甩开。

当陌生人来访时怎么办？

如果青少年独自一人在家，应注意防止陌生人进入，以免发生意想不到的危险。

（1）独自一人在家时，应将院门、防盗门、防护栏等锁好。如果有人敲门，切勿盲目开门，应先从门镜观察或隔门问清楚来人的身份，如果来访者为陌生人，就不要开门。

（2）如果来访者以推销员、修理工等身份要求开门时，可以向其说明家中并不需要这些服务，请其离开。

（3）如果来访者以家长同事、朋友或者远方亲戚的身份要求开门，也不能轻易相信，可以请对方等到家长回家时再来。

（4）如果遇到来访者坚持不肯离去，执意要进入室内的情况，可以声称打电话报警，或者到阳台、窗口处大声呼喊，向邻居、行人请求帮助，以震慑迫使其离去。

（5）对于不熟悉的人不要随便邀请到家中做客，以防给坏人可乘之机。

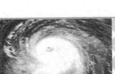

遭遇精神病患者伤害怎么办？

精神病患者经常独来独往，不仅肮脏邋遢，而且行为怪异，甚至会对他人做出一些攻击的行为。那么，应该如何避免他们的伤害呢？

（1）遇到精神病患者时，应尽快远离、躲避，不要围观。

（2）不要挑逗、取笑或者戏弄精神病患者，更不要去刺激他们，以免招来不必要的伤害。

（3）那些智能低下的痴呆者，甚至醉酒者，也会做出一些类似精神病患者的举动，遇到这类人时也应及时躲避，也不要刺激他们。当这类人自身遭遇危险或者做出一些伤害他人的举动时，应及时向老师、民警或者其他成年人报告。

遭到殴打怎么办？

一旦遭到了殴打，还有可能被打致伤，这时应怎么办呢？

（1）此时要做的第一件事，就是想方法及时与老师或家长取得联系。如果出现头晕或是骨折、流血等情况，一定要及时向路人求救，并告诉对方自己所在的学校，请其帮忙通知学校。如果距离学校比较远，可以告诉对方自己家长的工作单位或是自家的住处，能有电话号码最好，这样你就可以得到救助。

（2）及时治伤。如果伤势比较严重且不容耽搁，只要还有行动能力，就一定要去最近的医院或是卫生所，先处置好外伤，再检查内伤。如果没有行动能力，就请求路人给予帮助，尽快到医院检查治疗。达到医院时，要想方法通知学校或家里（家长单位）。

(3)将看病治伤的医药单据和诊断书妥善保管。待公安部门将坏人抓到后,可以根据这些作出判决。

(4)及时报案。报案时要讲清出事的时间、地点以及打人凶手的特征。

打人凶手被公安部门抓到后,会根据你的伤情决定对坏人的处罚。如果你被诊断出是重伤,凶手就有被依法判刑的可能;如果你是轻伤或轻微伤,他就会被依法处以拘留或治安警告,而你看病治伤所用的医药费、营养费和护理费等也会依法得到合理的赔偿。

收到匿名信、匿名电话怎么办?

中小学生收到匿名信、匿名电话的情况时有发生。所谓匿名信、匿名电话就是指来信者或来电话者没有署自己的真实姓名或根本没有写明自己的姓名,不让收信人或接电话人知道自己是谁。其内容主要辱骂、恐吓、挑拨、攻击、骚扰或提出不正当的要求。匿名信、匿名电话会扰乱收信人、接电话人的正常学习和生活,导致注意力分散、精神紧张、身心受到损害。遇到这种情况,可以采取以下措施进行应对:

(1)保持冷静。既然来信来电话是匿名,就说明对方不敢暴露自己的真实身份,这种行为也是做贼心虚的表现,否则,何不大大方方地将自己的真实姓名和身份留下呢?因此,收信(电)者,完全没有恐慌害怕的必要。否则只会上了对方的当,中了对方的计。同时,对来信来电中提出的无理要求,应坚决予以拒绝,不能有丝毫的含糊与让步。

(2)认真分析。此时你应该冷静下来思考,来信来电者可能是

谁？原因究竟是什么？可以从来信者的笔迹特征以及发信的时间，或从来电者的音色音调、口气口音、语言特征等方面去思考。再仔细想一想，以前或者最近有没有和谁发生矛盾，谁对自己的要求遭到拒绝，或自己有意无意地触犯过谁。经过一番分析，就可以将来信来电者锁定在一个比较窄小的圈子里。如果自己分析这些事有困难，可以及时告诉家长、老师或同学，请求大家共同来分析。切勿一个人冥思苦想，这样只会浪费太多的时间与精力。

（3）设法弄清。当匿名人再次来电时，不要急于撂下电话，而是用对话方式将其稳住。同时，示意身旁的人，用就近的电话向电话局服务台查询，便可以取得匿名电话的号码。当得知对方电话号码后，就可以进一步弄清他（她）所在的地区、单位或住所，从而有利于追踪调查，不久便可以真相大白。

（4）及时报告。报告老师和家长，也可通过学校报告派出所民警，司法部门会对经常的且情节比较严重的匿名来信、电话事件加以追查和处理。

发现小偷怎么办？

目前，社会上小偷盗窃的行为屡见不鲜，他们的作案目标主要是公家或者私人的财物。当发现小偷作案时，可以采取以下措施：

（1）如果是在人多的场合中发现小偷，可以采取高声喝令的方式迫使其偷盗行为无法得逞；也可以告诉周围的成年人，共同制止其偷盗行为。

（2）对于正在室内作案的小偷，不要直接入室进行制止，而应迅速到外面喊人或报告巡逻民警及其他治安管理人员。

（3）如果发现已经得逞离开作案现场的小偷，要认真记清他们的特征以及逃离的方向；如果作案者有交通工具，可以将其车辆的型号、颜色以及车牌号码记下，以便及时向公安部门报警，为其提供破案线索。

（4）通常情况下，应尽可能地避免与小偷正面接触，应机智灵活地与小偷做斗争，以免受到伤害。

被电梯困住时如何自救？

在坐电梯的过程中往往会碰到"死机"的现象，一旦发生这种情况，千万不要紧张，电梯因故障中途停运时，其保护装置通常会启动并发生作用。在此情况下，被困者可以及时按下应急按钮，并耐心等待专业人员前来救援。如果手机有信号，可以拨打急救电话寻求帮助，与此同时，要尽量稳定自己的情绪，尤其是有心脑血管疾病的人，过于紧张焦虑可能引起病情发作。

如果是几个人同时被困，则可以用聊天的方式来分散注意力。一般的电梯故障不会很危险，而那些自以为积极主动的自救行为往往是最危险的。被电梯困住后，很多人心里都会比较焦急、愤怒，甚至有人会采取一些冲动的行为，比如踢门、打门或者在电梯里乱跳乱叫，这些举动只会加剧人们的焦虑心情。

被困在电梯里面，如果很长时间没人救援，不要自行撬门。因为门被强行撬开后，电梯可能会突然启动，如果被困者在此时钻出，很容易发生危险。不要模仿电视中的举动，妄图砸碎天棚逃生，是一种很不明智的行为。假如身边有孩子，更要看护好他们，千万不要让其乱跑、乱碰，以免发生不必要的意外。

电梯故障有些是电梯本身存在的毛病,有些则是乘客造成的。乘坐电梯时,除观察电梯内是否贴有安全检验合格标志外,还要注意上面标明的安全有效期,不要乱按或用硬物敲打电梯按钮,更不要在电梯运行时蹦跳玩耍,以免因剧烈晃动而引起电梯急停事故。

瓦斯爆炸怎样处理?

瓦斯又名沼气,化学名叫甲烷,它是一种无色、无味、易燃、易爆的气体。瓦斯爆炸有一定的浓度范围,我们把瓦斯在空气中遇火后可引发爆炸的浓度范围称为瓦斯爆炸界限,瓦斯爆炸界限为5%~16%。

如果瓦斯的浓度小于5%,遇火之后就不会产生爆炸,但可以在火焰的外围形成燃烧层;如果瓦斯的浓度为9.5%,这时的爆炸威力就是最大的(氧和瓦斯完全反应);如果瓦斯的浓度在16%以上,就会失去其爆炸性,但在空气中遇火仍然会燃烧。

一旦发生瓦斯爆炸,不仅会产生高温、高压和冲击波,还会释放出有毒气体。当发生瓦斯爆炸时,我们应该怎样进行现场救护呢?

当瓦斯爆炸时,应背对爆炸地点同时迅速卧倒,假如前面有水,应俯卧或侧卧在水里,并用湿毛巾将口鼻捂住。如果距离爆炸中心比较近,在采取上述自救措施之后,应立即远离现场,以免发生第二次爆炸。

瓦斯爆炸后,应迅速将通往事故地点的所有电源切断,保持通风,并想方设法将各种明火和残留火扑灭,以免再次引发爆炸。当事故发生后,所有生存人员应统一、镇定地撤离危险区域。如果遇

一口气读懂自救常识

到一氧化碳中毒的人，应迅速将中毒者送至通风良好的安全地带。如果中毒者仍有心跳但呼吸已经停止，应立即在安全的地方进行人工心肺复苏，以免延误抢救时机。

发生火灾时如何逃生？

高层建筑物由于其结构的特殊性，一旦发生火灾，其危险性往往比普通建筑物要大，如果处置不当，还会引发生命危险。因此，当你身处此种情况时，一定要让自己保持冷静，避免过度惊慌。

当发生火灾时，首先要快速辨明火源的方向，迅速确定是哪个方位起火，然后再决定逃生的路线，以免让自己误入"火口"。此时，如果门窗、通道以及楼梯已经被烟火封住，但是还存在冲出去的机会，可以将自己的头部以及身体淋湿，或用湿毛巾、被单等蒙住头，同时用湿毛毯、棉被等将身体裹好，再冲出危险区域，切勿贸然冲出。

如果此时的浓烟比较大，人已经无法直立行走时，则可以贴着地面或墙根慢慢爬行，便可穿过危险区域。在楼梯已经被烧塌且邻近的通道也被堵死的情况下，可以通过阳台或者窗户进入旁边的房间，乘坐专用消防电梯或室外的消防楼梯。

如果着火处不在自己所在的房间，而房外已被烈火团团围住，此时千万不要贸然开门，以免引火入室，应大量向门上泼水，以便延长火势蔓延的时间，再伺时从窗户向外进行呼救，或手拿衣服在窗口处不断挥舞，以引起救助人员的注意。

如果窗外有雨水管、流水管或者避雷针线，可以利用它们攀援而下，也可以利用结实的绳索，将绳子的一头拴在窗框或者床架上，然后缓缓爬下，如果一时找不到绳索，也可以将被罩、床单或者窗帘撕成条，拧成绳接好。如果距离地面太高，但是可以下到没有危险的楼层时，可以用脚将此处窗户的玻璃踢碎，进入之后再从那里逃生。

如果所住的房间与楼顶的距离比较近，也可以直接奔向楼顶的平台或阳台，静心等候救助人员的到来；此时，无论遇到什么样的情况，都不要采取直接从窗户跳下的方式来逃生。

对轻微的火情怎样紧急应付？

遭遇火灾时应及时报警，但对于一些突然发生的比较轻微的火情，我们可以采取以下措施进行应急：

(1)最常用的灭火剂是水，如果是木头、纸张、棉布等起火，可以直接用水扑灭。用土、沙子、浸湿的棉被或毛毯等快速覆盖于起火处，可以有效地起到灭火的作用。另外，用扫帚、拖把等扑打，也能扑灭小火。

(2) 如果是油类、酒精等起火，不能用水去扑救，可以用沙土或浸湿的棉被等迅速将其覆盖。

(3) 如果是煤气起火，可以用湿毛巾覆盖火点，并及时切断气源。

(4) 如果是电器起火，不能用水扑救，也不能用潮湿的物品进行捂盖。因为水是导体，这样做不仅不能灭火，反而会发生触电。正确的方法是先将电源切断，然后再灭火。

发生火灾应如何报警？

一旦发生火灾,最重要的是报警,这样才能做到及时扑救、控制火势以及减轻火灾造成的损失。

(1)火警的电话号码是119,此号码应牢记,在全国任何地区,向公安消防部门报告火警的电话号码都是一致的。

(2)发现火灾时,可以直接打电话报警。如果家中没有电话,应及时借用邻居、电话亭或者附近单位的电话进行报警,或进行大声呼喊,或采取其他方法引起邻居、行人注意,协助灭火或报警。

(3)在报火警时,应向消防部门讲清着火的单位或地点,讲清所处的区(县)、街道、胡同、门牌号码或乡村地址,以及是什么物品着火,火势怎样。

(4)报警以后,最好安排人员到附近的路口等候消防车的到来,以便指引通往火灾现场的道路。

最后,还应注意的是,火警电话不能随便拨打,假报火警是扰乱社会公共秩序的违法行为。

第二章　急性病发作时自救

高血压危象如何及时处理?

高血压危象是指血压急剧上升所引起的严重临床表现。过度劳累、大量饮酒、精神紧张、情绪激动、寒冷刺激等都可能导致高血压危象。

高血压危象的症状主要有恶性高血压和高血压脑病2种。

1.恶性高血压

占高血压的 1%左右,多见于青年和中年。血压急剧上升,舒张压多在 17.3 千帕(130 毫米汞柱)以上。病人出现全身乏力、口渴、多尿等现象,并且视力迅速下降,还可能出现血尿、蛋白尿、肾功能障碍以及心力衰竭等现象。病情迅速发展时,可发生脑血管意外,那些有家族史的原发性高血压者,应该警惕此种情况的发生。

2.高血压脑病

普遍而剧烈的脑血管痉挛引起的脑水肿,颅内压增高,此时血压急剧上升,头痛剧烈,伴有头晕、头胀,并出现呕吐、心慌、气短、面色苍白、抽搐或昏迷等现象。

高血压危象的处理方法:

(1)立即将病人送入安静的房间,卧床休息,并将床头抬高 30°。

(2)让病人保持镇静,避免躁动,不要随意搬动病人。对情绪激动的病人可肌注安定 10 毫克。

(3)有条件者可给予氧气吸入。

(4)服用降压药。如心痛定 10 毫克,放于舌下含服;或立即口含快速降压药尼卡地平 10 毫克。条件好的可用硝普钠 50~100 毫克,加入 5%葡萄糖液 500 毫升中静脉滴注。

(5)初步处理后,迅速送往医院治疗。

高血压危象的情况一旦发生,病情往往危险,因此要及时进行现场抢救,并迅速送往医院治疗。

夜间急症如何进行处理?

一些急性发作疾病经常在夜间发生，一旦发生这种情况，应尽量进行自我控制，家人也不要在患者面前惊慌失措。在未去医院之前或救护车还没来之前，如果家庭成员能够学会一些应急措施，将会缓解疾病、赢得诊治时间。

对于胆绞痛病人，应让病人静卧于床，并将热水袋放在患者的右上腹部进行热敷，同时可用拇指或食指按压刺激患者"足三里"穴位，即双膝眼下，以缓解疼痛感。

对于急性胰腺炎病人，则不能饮水及进食，用以抑制胰腺的分泌，同时也可用拇指或食指压迫"足三里"、"合谷穴"，以缓解疼痛感。

对于心脏性哮喘病人，如果出现急性症状，则应取半卧位，让病人两腿自然下垂，并用布带扎紧患者的三肢，每隔5分钟一次，以减少进入心脏的血流量，达到减轻心脏负担的作用。

遇到脑血栓病人(即中风)发作时，应迅速将病人的头部垫高，并采取头高脚低的姿势，卧床休息，千万不能摇动病人的身体，也不能大声呼喊，尽量让病人安静。

遇到心绞痛发作的病人，应让他坐起来，减少运动，并迅速给予一定的硝酸甘油含于舌下，同时服用苏冰滴丸或麝香保心丸。

对于脑梗塞的病人，一般情况下，老年人都有不同程度的血液黏稠，有的人不愿在夜间起床而限制饮水，结果导致血液黏稠度增加，血流缓慢而发生脑梗塞。当老年人在夜间出现口角歪斜、肢体麻木、肢体不能活动的情况时，首先就应想到可能发生脑梗塞，此时万万不可晃动病人，否则会导致栓子脱落而引起其他并发症。正

确的处理方法是，保持病人安静，同时迅速叫救护车送往医院救治。

急性心肌梗死时怎么办？

急性心肌梗死是由于冠状动脉粥样硬化、血栓形成或冠状动脉持续痉挛，导致冠状动脉或分枝闭塞，致使心肌因持久缺血缺氧而发生坏死。

急性心肌梗死常见于年纪比较大的人当中，也是一种突发性的危险急病。但心肌梗死并不是不可预防的，发病前多会出现各种先兆症状。如病人自觉心前区闷胀不适、钝痛，钝痛有时向手臂或颈部放射，同时伴有恶心、呕吐、气促及出冷汗等症状，此时应迅速停止一切重的体力活动，尽量平息激动的情绪，以减少心肌耗氧量，并口服硝酸甘油片或亚硝酸异戊酯等速效扩血管药物，这样对于部分病人就可避免出现心肌梗死的情况。

当急性心肌梗死发生时，胸骨下或心前区会产生剧烈而持久的疼痛感，同时伴有面色苍白、心慌、气促和出冷汗等症状，甚至有些还会出现突发性上腹部剧烈疼痛。如果休息和服用速效扩血管药物仍不能缓解疼痛，应立即拨打 120 或附近医院电话进行求救。在救护车到来之前，可进行深呼吸，再用力咳嗽，咳嗽所产生胸压和震动，与心肺复苏中的胸外心脏按摩效果一样，此时用力咳嗽可以赢得后续治疗的时间，因此，是有效的自救方法之一。

据医学统计治疗表明，心肌梗死发生的最初几小时是最危险的时期，大约有 2/3 的患者在尚未就医之前就已经死亡。而此时如果慌乱挪动病人，背负或搀扶病人勉强行走前往医院，只会加重病

42

人的心脏负担,使心肌梗死范围不断扩大,甚至导致病人死亡。

因此,急救时家人或救助者切不要惊慌,应就地抢救,让病人慢慢躺下休息,尤其让患者注意保持镇定的情绪。尽量少移动或翻动患者,并立即给予10毫克安定口服,同时呼叫救护车或医生前来抢救。

在等待期间,如果病人出现脸色苍白、手足湿冷、心跳加快等情况,多说明已经休克,此时可以让病人平躺下来,足部稍微垫高,并将枕头去掉,以改善大脑缺血状况。假如病人处于昏迷状态,甚至心脏突然停止跳动,则立即进行胸外心脏按摩和口对口式人工呼吸,直到救护车的到来。

"冠心病"突然发作如何处理?

冠心病急性发作表现为突然产生剧烈胸痛以及大量大汗,甚至心跳呼吸突然停止。

遇到这种情况时,家属往往表现得手忙脚乱,不仅没有对患者采取及时有效的措施,甚至还会因为一些错误的做法而加速了患者的死亡。这样的例子不胜枚举。

现在,就让我们来了解一下,当冠心病急性发作的时候,我们应该及时采取什么样的有效措施。

假如冠心病患者在家中突然出现心前区疼痛、胸闷、气短、心绞痛时,首先应迅速停止所有的活动,坐下来或躺在床上休息,不要到处奔走呼救或步行去医院。同时,不要过度紧张,尽可能地保持精神放松状态。

应该迅速将门窗打开进行通风,保持室内空气新鲜。同时将患

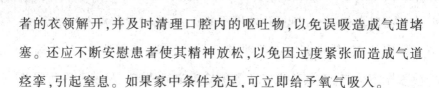

者的衣领解开,并及时清理口腔内的呕吐物,以免误吸造成气道堵塞。还应不断安慰患者使其精神放松,以免因过度紧张而造成气道痉挛,引起窒息。如果家中条件充足,可立即给予氧气吸入。

此外,可在舌下含服硝酸甘油 1 片,约在 1~2 分钟内就能产生效果,作用持续约半小时;或含服消心痛 1~2 片,一般 5 分钟就能产生效果,持续作用 2 小时。

如果患者病情险恶、胸痛不解,而且出现面色苍白、大汗淋漓的情况,就要用手帕将亚硝酸异戊酯包好,将其折断,移近鼻部 2.5 厘米处,吸入气体。如果患者情绪紧张,可给一片安定口服。

急性喉炎如何处理?

急性喉炎是由细菌感染而引起喉部发炎,造成喉头充血水肿,引起气道狭窄所致。急性喉炎多发病于婴幼儿期,轻者声音嘶哑,重者可能引起气道堵塞而造成窒息,最终导致死亡。小朋友由于喉腔狭窄,黏膜下组织比较松散,因此,发炎时即使轻微肿胀,也有可能出现喉梗阻的情况。

当急性喉炎发作时,喉部(包括声带)弥漫性炎症,刚开始会出现轻微感冒的症状,并出现小狗似的叫声,同时声音会出现嘶哑。

因为小朋友的器官组织没有发育成熟,喉头比较狭窄,喉头处有丰富的淋巴管和血管,容易充血水肿,使喉腔变得更加狭小,甚至会出现消失的情况。因此,喉头炎症会迅速发展而出现喉头水肿,使小朋友呼吸困难,鼻翼煽动以及出现脸色苍白、高烧、多汗、烦躁不安等症状。如果救治不及时,患儿不久就可能会因为缺氧而导致窒息或死亡。

当小朋友开始出现特征性咳嗽声时，就应迅速带着小朋友上医院进行治疗；如果病情加重，就需要滴液，以减轻喉头水肿。假如小朋友不停地哭闹，可根据情况适量使用镇静剂，以稳定小朋友的情绪，因为不停地哭喊只会加重小朋友的缺氧。假如在晚上出现病情严重时，可给小朋友多喝些温热开水，以减轻喉部干痛。

为了减轻小朋友的咳嗽，应注意保持室内湿度，经常进行通风换气，保持室内空气新鲜。如小朋友出现口周发青、面色苍白、呼吸困难等危急症状时，家长应及时将小朋友送往医院就诊。

急性胃肠炎怎么办？

急性胃肠炎是指由于饮食不当，吃了含有细菌污染或腐败变质的食物而导致的胃肠道疾病。患急性胃肠炎的人，平时一般都有暴饮暴食或吃不干净且变质食物的习惯。比如喝过期的牛奶、吃变质的馊菜、馊饭或是被污染过(苍蝇爬过)的饭菜等等。

急性胃肠炎比较常见的症状为恶心、呕吐、腹痛、腹泻、发烧、头痛。腹泻时的粪便多为绿稀水，有时带有血或粘液，症状严重者还可能出现脱水、酸中毒等情况，此时会出现皮肤干燥、弹性差、手脚冰凉、眼睛发花、两眼合不拢、眼窝凹陷、呼吸深长、神志不清、脉搏细弱甚至休克等症状。

如果小朋友患上了急性胃肠炎，应尽量让小朋友躺在床上休息，这样有利于胃肠功能的恢复。在禁食期间，可以给孩子喝一些淡盐水，同时还可以根据孩子大便的性质、含水分的多少、排便的次数、小儿精神状态、手脚的冷热情况等来判断小朋友的病情。假如小朋友大便次数过多、含水量也多、双眼下陷、面色发灰、手脚发

45

凉、小便极少,就是病情严重的表现,此时最好及时去医院就诊,在医生的指导下进行服药治疗。

当孩子患急性胃肠炎时,大便的次数会明显增加,含水量也会相应地增加。由于大便中含有的酸性代谢产物会刺激肛门,使肛门处发红,因此,每次大便后要给孩子清洗肛门处,并涂上一层氨酸软膏。如果孩子的肛门处已经发红,可以在医生的指导下涂擦一些药水,并注意保持患处皮肤干燥,以尽快使状态好转。

为了预防小朋友急性肠胃炎的发生,平时应培养小朋友养成注意卫生的好习惯。餐具每天都要进行消毒处理(开水煮或笼屉蒸),不吃腐败变质的食品及不干净的食物,生吃瓜果时一定要将瓜果清洗干净,并养成不偏食、不暴饮暴食的良好饮食习惯。

急性扁桃体炎时怎么办?

急性扁桃体炎是链球菌侵入扁桃体发生的急性炎症。它常见于儿童和青少年期,如果治疗不彻底,部分急性扁桃体炎可能会转变成慢性扁桃体炎,反复发作或成为其他器官疾病的慢性病灶。

患急性扁桃体炎的人经常会怕冷,继之发热、咽痛;严重时会出现头痛、四肢乏力、腰酸背痛等症状。小朋友还会出现呕吐、腹泻、昏睡甚至高热惊厥的情况,咽喉产生剧烈疼痛时还可能会延伸至耳部。进行检查时可以看见咽部充血、扁桃体肿大、表面还有白点,这些白点很容易拭去,拭去后并不出血,并伴有下颌淋肿大和压痛。

小朋友急性扁桃体炎发作时,应该尽量让其躺在床上休息,并多让他饮水,以排出因细菌感染在体内所产生的毒素。每天用淡盐

一口气读懂自救常识

水漱口，保持口腔清洁无味。当身体体温过高时，可用凉水或冰袋敷头颈部，也可以用酒或低浓度酒精擦拭头颈、腋下、四肢，帮助散热，防止病儿发生惊厥。当大便秘结时，可服用缓泻药，以保持大便通畅。

急性扁桃体炎并不是单纯的疾病，往往临近器官也可并发颈淋巴炎、中耳炎等，当急性扁桃体炎发作时，如果细菌或病毒毒素进入血液循环，就会引起如风湿热、心肌炎、肾炎、关节炎等严重的并发症。因此，必须重视急性扁桃体炎，并严密观察病人病态的发展，及时给予处理，预防并发症的发生。

预防急性扁桃体炎发作的方法是平时应多锻炼身体，以增强体质，提高抗病能力。

咯血时怎么处理？

咯血是指喉部以下的呼吸器官出血，经咳嗽动作从口腔排出。咯血首先须与口腔、咽、鼻出血鉴别。

口腔与咽部出血容易观察到局部出血灶，鼻腔出血则多从前鼻孔流出，常在鼻中隔前下方发现出血灶，诊断起来也比较容易。有时鼻腔后部出血量较多，此时很容易被误诊为咯血，如果用鼻咽镜检查，就会看见血液从后鼻孔沿咽壁一直往下流，这时便可以确诊为咯血。

大量咯血还须与呕血（上消化道出血）相鉴别。前者常有支气管扩张、肺结核、肺癌、心脏病等病史，出血前伴有咳嗽、喉部痒、胸闷等症状，咯出的血液通常为鲜红色，并混有泡沫痰，一般无柏油样便；后者常有消化性溃疡、肝硬化等病史，出血前会出现上腹部不

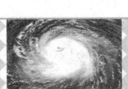

适、恶心呕吐等症状,呕出血液通常为棕黑色或暗红色,有时为鲜红色,并混有食物残渣胃液,有柏油样便,在呕血停止后仍会持续数天。

当发现病人大咯血后,如果出现情绪极度烦躁不安、精神恐惧或神情呆滞、喉头作响、呼吸减速或骤停,应立即将病人的口腔撬开,尽量将口腔、咽喉部积存的血块弄出,恢复呼吸道畅通。可让病人取头低脚高位,然后用手掌拍击背部,就可将气管或肺内的血液和血块倒出。为了帮助恢复血液循环,可用毛毯保温。如果发现病人已经丧失意志、停止呼吸,应立刻保证其呼吸道畅通,并进行人工呼吸。

咯血患者最危险的是发生失血性休克,当患者出现脸色青紫、出冷汗、脉搏微弱时应特别注意:在进行救治的同时要安慰病人,因为情绪稳定是很重要的。其次不要让病人看到自己吐出的血,这样才能确保救治取得理想的效果。

咯血忌食的食物有:胡椒、花椒、生姜、桂皮、人参、狗肉、荔枝、樱桃、沙仁、杨梅、胡桃仁。

鼻出血如何处理?

鼻出血又称鼻衄,是临床常见的症状之一,多由鼻腔病变引起的,也可由全身疾病所引起,还有因为鼻腔邻近病变出血经鼻腔流出。鼻出血多为单侧,也有双侧出血的时候;可以间歇反复地出血,也可以持续性地出血;出血量多少不一,轻者只有鼻涕中带有血,重者可引起失血性休克,反复出血则可导致贫血。

当鼻子出血时,应该采取什么样的方法止血呢?

首先应保持头脑冷静,切莫过度紧张。鼻出血患者往往对血有恐惧感,看到出血很多时就会引起精神高度紧张,从而导致血压升高,反而使出血更厉害。当鼻出血时,患者不要平躺,而应取坐位或半卧位,这是因为平躺之后容易使头部血压升高,此时更容易出血,当血流到咽部时,尽量别咽下,以免刺激胃部引起恶心呕吐。

少量鼻出血的患者,可用食指和拇指紧压鼻翼两侧 10~15 分钟,同时拿湿凉毛巾或冰袋冷敷前额及后颈。

鼻出血时,也可用指压法治疗。当单侧鼻孔出血时,选择对侧食指;当双侧鼻孔出血时,选择双侧食指。将食指掌指节向掌心屈曲,并用力按压,以局部出现酸胀疼痛感为佳,小儿及高龄体质较差者,应稍微用力,一般按压 10~15 分钟即可止血。

引起鼻出血的原因有很多,而且长期大量的鼻出血会导致休克甚至危及生命,所以,止血后应及时到医院诊治,以免延误病情。

癫痫病发作时如何处理?

癫痫病俗称"羊羔风"、"羊角疯"、"羊儿疯"、"羊癫疯"、"羊癫风"等等,是一种突发性、短暂性大脑功能失调疾病。发病率比较高,可于任何年龄段发生,青少年尤为多见。

如果病人感觉异常、胸闷、上腹部不适、恐惧、流涎、听觉减弱、视物模糊等,可能是癫痫发作前的先驱自觉症状。此时,患者本人应尽快离开如公路上、水塘边、炉火前等危险地方,及时寻找安全地方坐下或躺下。患者的家属也应观察病人发作前的表现,根据情况尽早作出预防措施,防止其他意外伤害的发生。在病人未发作时,立即用针刺或手指掐人中、合谷等穴位,可能会阻止癫痫发作。

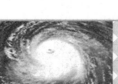

当癫痫病发作时,可以采取以下方法救治:

(1)将患者的衣领、裤带解开,使其呼吸通畅,避免窒息。

(2)在患者嘴巴紧闭之前,迅速将手绢、纱布等卷成卷,垫在病人的上下齿之间,以防牙关紧闭时咬伤舌部。但如果病人已经紧闭双嘴,则不要尝试撬开。

(3)当患者发作将要倒地时,应扶住病人使其慢慢倒地,以免跌伤。

(4)当患者抽搐痉挛停止,进入昏睡状态后,应迅速将患者的头转向一侧,同时将上下齿之间的垫塞物抽去,让病人口中的唾液和呕吐物流出,避免窒息,同时也可避免舌根后坠而阻塞气道。

假如患者是第一次发作,或者发作时间持续超过 5 分钟甚至更长,且发作期间患者尚未恢复意识,则应立即将患者送往医院救治,以免因症状发作导致脑水肿、脑疝、呼吸循环衰竭等严重后果。

当患者睡醒之后,常常会感觉头痛及周身酸软,对发作的过程,除先兆征外大都并无记忆,家属应避免提及患者病情发作的状况。饮食宜清淡,避免食用油腻、辛辣等刺激性食物。

心绞痛时怎么办?

心绞痛由冠心病引起,属于急性发作症,因冠状动脉粥样硬化使心肌血管变窄、血流量减少导致。心绞痛常见于男性,大都在 40 岁以上,劳累、情绪激动、饱食、受寒、阴雨天气、急性循环衰竭等为常见的诱因。

当心绞痛发作时,会突然感到胸骨下出现持续的压榨性或窒息性剧痛。此时应停止一切活动,使心情平静下来,就地站立休息,无需躺下,以免增加回心血量,从而加重心脏负担。随即取一片硝酸甘油片,嚼碎后含于舌下,通常2分钟左右即可缓解疼痛。如果效果不理想,可在10分钟后再次含服1片。需要注意的是,无论心绞痛缓解与否或再次发作,都不宜连续含服3片以上的硝酸甘油片。

如果疼痛剧烈,可将亚硝酸异戊酯用手绢包捏碎,凑近鼻孔将其吸入,通常在吸入后10~20秒便可见效。这两种药物皆属于速效扩血管药物。其中亚硝酸异戊酯效果快、作用强,但维持药效时间短,仅7~8分钟;而硝酸甘油片可维持药效达30分钟。由于亚硝酸异戊酯的扩血管作用强,故在用药后可能出现短暂的低血压,因此服药后应立即找地方坐下休息。但是,青光眼病人均不能服用上述两种药物,否则会因眼压升高而引起剧烈眼痛、头痛、视力模糊甚至失明。

冠心病病人初次突发心绞痛时,常常会因心脏突发的剧痛而陷入极度的恐慌之中,这对缓解心绞痛非常不利。过度恐慌的情绪会使心跳的频率明显加快,从而使心脏负担加重。初发心绞痛的患者,往往未随身携带急救药品,当遇到这种情况时,不要过度紧张,最有效的急救措施是立即停止一切活动,就地休息,保持心态平静。

中风时如何处理?

中风也称脑卒中,是中医学对急性脑血管疾病的统称。它可分为缺血性脑卒中和出血性脑卒中两种类型。它是以突然昏倒,不省人事,伴发口角歪斜、语言不利,出现半身不遂为主要症状的一类

疾病，多发于40岁以上，平时情绪波动较大、忧思恼怒、饮酒、精神过度紧张的人。如果原有动脉粥样硬化、高血压、脑血管畸形、心脏病等也比较容易患中风。

在中风发生之前，常常会出现一些典型或不典型的症状，即中风预兆。如眩晕、头痛、视力障碍、麻木、瘫痪、狡然倒地、精神失常等。

一旦出现上述中风预兆，应立即离开施工现场等危险境地，转移到安全的地方，防止中风跌倒后发生其他意外性伤害。

当中风发作时，为防止患者从椅子上或床上跌下，就需要旁人将其扶住，设法将患者的紧张情绪消除。如果患者坐着或躺着，就不需要改变其体位，因为任何不必要的体位改变或搬动都会增加脑内的出血量，从而加重病情。因此，只要病人坐得不勉强就无需使其躺下。

若病人坐在地上尚未倒伏，可搬来椅子将其支撑住，或直接上前将其扶住。若病人已完全倒地，可将其缓缓拨正到仰卧位，同时小心地将其头偏向一侧，以防呕吐物误入气管产生窒息。解开病人衣领、取出口内的假牙，以使其呼吸通畅。若病人鼾声明显，提示其气道被下坠的舌根堵住，此时应抬起病人下颌，使之成仰头姿势，同时用毛巾随时擦去病人的呕吐物。

对于昏迷的病人，可在医生到来之前，在塑料袋内装入冰块放置病人头上，保持头部低温，保护大脑。

同时，尽快请医生和救护车前来救护，注意送院途中要避免颠簸。

一口气读懂自救常识

呃逆时如何处理?

呃逆又叫"打嗝儿"。如果亲人、朋友,在一起其乐融融地聚餐,此时突然出现几声"打嗝儿"的声音,不由得会让人大倒胃口,甚煞风景,自己也会很尴尬。有时这种症状还相当顽固,越想止住越止不了,弄得自己也手足无措。

其实,打嗝是由于某种原因引起的膈肌痉挛,同时由于喉内的声门没有完全打开而发生的杂音,常常在吃饭过快、食物过热、过辣时产生。一般情况下,数分钟过后即可平息。

下面介绍几种快速消除打嗝的方法:

(1)深呼吸。在进食时如果出现呃逆就暂停进食,作几次深呼吸,往往在短时间内能止住呃逆。

(2)当呃逆频繁时,可用手指压迫两侧的"少商"穴。少商穴位于大拇指指甲根部桡侧面,距指甲缘约 0.6 厘米,在黑白肉际交界处。压迫时要尽量用力,以有明显酸痛感为宜。自行压迫时可两手交替进行。

(3)将竹筷的细端包上棉花,放入口中,按压硬腭和软腭交界处稍后面正中线处,一般按摩 1 分钟左右就能有效地控制呃逆。

如果持续不停地打嗝儿,有可能是胃、横膈、心脏、肝脏疾病或肿瘤的症状,应及时去医院进行细致的诊治。

风热型伤风时怎么办?

伤风,老百姓俗称"热伤风",多指发烧不退、四肢酸痛、流稠鼻涕等。风热型伤风时,病人一般不会产生寒冷的感觉,只是感觉发

热、出汗多但是不解热。

热伤风没有传染性，患"热伤风"时，不需要用解热镇痛药和速效胶囊来退热。治疗风热型伤风的常用药有：

(1)藿香正气丸、参苓白术丸。可以用来治疗头痛、流涕、恶心、食欲差，并有清暑、健脾等功效。

(2)双黄连、热炎宁。针对咽痛、发热症状，可退热、止痛。

(3)清肺抑火化痰丸、清肺丸、止嗽化痰定喘丸。针对咳嗽、咳痰症，可止咳、化痰、养肺。如果出现咽喉红痛，口渴心烦、小便短赤等症状，可以用板兰根冲剂、银翘解毒片等，或用感冒冲剂 1 包冲服，每日 3 次。

值得注意的是，在治疗热伤风期间，不能用生姜、红糖之类的食物，否则只会如同火上加油，助长热势，使病情越来越严重。

当患了热伤风时，要注意减少活动、保持安静、避免受凉。患热伤风的人，往往会感觉浑身没劲。此时活动量应比平时少，否则不利身体的恢复。

患热伤风后，最好能喝些西红柿汤之类热的酸性饮料，以酸化喉部，从而抑制病毒在喉部的繁殖。吃一些鱼肝油或者维生素 A 片等，则会加速病情的恢复。

老是咳嗽怎么办？

咳嗽在日常生活中很常见，属于呼吸道疾病的一种，也是人体的一种保护性防御功能。通过咳嗽，能够将呼吸道内的分泌物或侵入气管内的异物排出，如果只有咳嗽而没有痰的情况称为干咳，可见于多种疾病。

如果老是咳嗽，就会出现胸痛、腹痛等情况，且妨碍休息，给患者带来一定的痛苦。另外，咳嗽消耗的能量也很大。如果长时间出现剧烈地咳嗽，可能会造成神志昏迷，甚至会因肺部穿孔而导致气胸。因此，如果出现咳嗽不要掉以轻心，应尽快查明病因，抓紧治疗。

　　出现咳嗽时，可以采取以下应急措施：

　　(1)患者应尽可能地避免吸入如香烟、煤气、汽车废气以及氨气、氯气等刺激性气体。

　　(2)如果是因为冷空气而出现咳嗽，应及时戴上口罩，防止冷空气的吸入。

　　(3)患者应尽量安静地休息，饮用一些温热的食物，以减少冷物的刺激；还可以用温毛巾热敷咽喉部位，促使痰咳出。

　　如果出现不停地咳嗽，还应对症下药：

　　(1)如果咳嗽是由于上呼吸道疾病引起的，可服用感冒清或速效感冒胶囊 1~2 粒，每日 3 次，也可服咳必清或咳快好及板蓝根冲剂、大青叶合剂。

　　(2)干咳或痰不多时，可以服用咳必清、咳快好等止咳药片或止咳糖浆。

　　(3)咳嗽吐痰多者可用氯化铵、必漱平等药物祛痰，不宜用单纯的止咳药物，更不可用麻醉性的止咳药，如可待因等，以免痰液留于呼吸道，刺激呼吸道，从而加剧咳嗽和感染。

　　(4)如果是由于其他比较严重的疾病所引起的咳嗽，如肺结核、肺脓肿、胸膜炎或气管异物等，应在医生的指导下服药和处理。

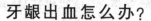

牙龈出血怎么办？

通常情况下，牙龈出血的情况常见于牙周炎的早期——牙龈炎。牙龈出血不仅出现于口腔科的疾病，还出现于全身的其他疾病，能够预示其他系统的疾病，如白血病、自身免疫性疾病等。

当牙龈出血时，应及时采取以下措施进行救治：

（1）补充营养。出血的原因有很多种，因此首先就要找出出血的原因，才能进行有效地防治。如果是缺乏维生素 C 而导致出血，除了在医生的指导下服用一些维生素 C 片剂之外，平时在饮食上也应多注意补充一些含有丰富维生素 C 的食物，多吃蔬菜水果；如果是牙周炎导致出血，就要在医生的指导下服用一些消炎药，并及时复诊，不能自行停药。

（2）有局部刺激因素如牙石、咬牙合创伤和不良修复体等，应进行牙周洁治清除牙石、调整咬牙合关系、矫治食物嵌塞和修改或更新假牙等修复体。

（3）局部以 2%碘甘油、口服甲硝唑 0.2 克，1 日 3 次，或乙酰螺旋霉素 0.2 克，1 日 4 次，连服 4~5 天。

（4）对于坏死性龈炎患者应进一步加强口腔护理，可以用 1%的双氧水漱洗口腔，或以 2.5%的金霉素甘油剂涂患处，1 日多次。

（5）对于因血液病引起的牙龈出血，暂时可采用明胶海棉压迫止血，也可用牙周塞治剂填塞等。

另外牙龈出血也可以采用中医治疗的方法：

（1）敷药疗法

处方：白砂糖、石膏各 10 克 。

用法：共研细末加冷开水适量调成糊状,涂敷牙龈患处。

疗效：用药 1 次,止血有效率达 100%,且无副作用。

(2)中成药疗法

药名：二至丸 。

服法：每服 15 克,一日 2 次。连服 15 天为 1 个疗程。

疗效：服药 1~2 疗程,齿衄止,病告愈。

破伤风时怎么办?

破伤风是破伤风杆菌通过伤口侵入人体后会产生毒素，从而引起全身肌肉强直性痉挛和牙关紧闭、角弓反张等症状,是一种特异性传染病。

初期病人会出现张口困难、不安、头痛、头晕、疲惫等症状,甚至还会出现肌肉强直性痉挛、牙关紧闭、呈苦笑面容以及颈、躯干、下肢后侧肌群痉挛、腰部上挺等现象;症状严重者遇声、光、响动等刺激时,会出现吞咽困难、窒息、肌肉撕裂、关节脱臼、骨折和舌咬伤等现象。

当出现破伤风时,可以采取以下措施进行处理:

(1)让患者处于安静的环境当中,同时避免声、光、风等响动;另外,要有专人看护,以免跌倒碰伤。

(2)深创口周围先用 1 万~2 万单位破伤风抗毒素(理想的是肌肉注射破伤风免疫球蛋白 250~500 单位)封闭注射后,再彻底清理伤口内的泥土异物、坏死组织、碎骨等,不要缝合伤口,让其自然敞开;并用 3%的双氧水或 1:1000 高锰酸力争上游溶液反复进行冲洗。

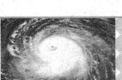

（3）立即肌肉注射破伤风抗毒素（TAT）1~3万国际单位，新生儿注射500国际单位，要注意注射前应做过敏试验，越早注射越能中和游率的破伤风杆菌的外毒素。

（4）迅速送往医院或呼救医护人员前来对症治疗。

出现低血糖怎么办？

糖尿病患者如果出现眩晕、心跳加快、心慌、双手颤抖、双腿软弱无力、饥饿、出虚汗、眼冒金星、说话含糊不清、行走不稳、精力不集中、行为怪异等症状，首先就要怀疑是否可能发生低血糖。

糖尿病患者一旦出现低血糖，要及时治疗。大部分患者可以通过快速进食的方法予以纠正，因此，可以随身携带一些含糖的食物以便自救。大约含15克葡萄糖的有：1杯果汁或软饮料、3平茶匙糖、3~5块糖果。如果没有效果，可在5~10分钟后重复，然后食用一些含有碳水化合物的食物，如面包、馒头等以免再次出现低血糖的情况。通过以上自救的方法，症状比较轻的低血糖患者一般可在15分钟内缓解，如果症状仍没有缓解，应及时去医院治疗。

另外，在平时也应及时采取一些预防低血糖的措施：

（1）在注射胰岛素后15~30分钟内进餐。

（2）在两餐之间可以增加餐次，运动量过大时也应注意增加餐次。

（3）在临睡前加餐，可以防止夜间低血糖，加餐的食物可以是饼干、牛奶或鸡蛋等。

（4）患者在外出时应随身携带少量甜食，以防万一，并随身携带说明自己病情的小卡片，以便获得他人的帮助。

蛛网膜下腔出血怎么办？

蛛网膜下腔出血是一种危险的病症，在发病前会出现单侧头痛、动眼神经损害、视神经损害、三叉神经损害以及癫痫发作等现象，主要表现为剧烈头痛、眩晕、呕吐，有时会伴有背痛、腿痛、烦躁、复视、怕光、怕声响、谵妄或惊厥等症状，症状严重者甚至会出现昏迷。

当蛛网膜下腔出血时，可以采取以下自救措施：

（1）在急性期一定要静卧，以免出现血压突然增高等各种因素，同时应迅速拨打急救电话。

（2）在患者的肩下垫上一个枕头，让上身以及头部稍微抬高。如果只让头部抬高而颈部弯曲，就会出现头部静脉血难以回流反而使脑压上升的情况，因此需要特别注意。

（3）如果患者出现意识丧失、呼吸道阻塞等情况，这时应让患者保持侧身俯卧、下颌前伸的姿势，即取昏睡体位。

另外，在处理的过程中还要注意以下几点：

（1）如果患者出现极易疲劳、看东西变黄、眼镜度数不合适等症状，就要考虑是否为蛛网膜下腔出血的征兆，如果出现这种症状，应尽快前往医院诊治。

（2）蛛网膜下腔出血多属脑血管异常所致，即便在短时间内能够止住，在数周后也有再次复发的可能。因此，应该进行彻底治疗。

脑贫血时怎么办？

有些人会突然在路上昏倒，有些人会因过度兴奋而晕厥，这其中大部分原因是因为脑贫血所致。脑贫血是脑内一时性血液供应不足引起的晕厥现象，症状主要表现为：打哈欠、恶心、全身不适、心悸、眼前发黑、眼冒金星、失去知觉。

当出现脑贫血时，可以采取一些措施进行救护：

（1）当发现晕厥的患者时，应尽快将他的衣服解开，并尽可能地将腿抬高，让其取平卧姿势。此时，还应仔细检查一下身体有无外伤，如果有出血等情况，应及时采取相应的救护措施。

（2）当发现晕厥的患者时，呼叫患者，轻拍患者的手、足和脸颊，并用冷毛巾擦脸，或轻轻按压鼻尖与上唇的中心。

（3）当患者醒后，可以让其饮用少量热水或饮料，并安静休息；如果患者没有醒来，不会吞咽，不宜硬灌，应迅速送医院抢救。

（4）如果患者感到不舒服、心慌、出冷汗等自觉症状，无论身在何地，都应迅速坐下或卧倒，低头弯腰，这样即使发生晕厥，也不至于碰伤头部。

此外，还需注意以下几点：

（1）如果经常出现脑贫血的情况，可能是颅内有严重的疾病，一定要及时去医院检查。

（2）在影响血压的各种因素中，体位的影响最为明显。当患者平卧时，大血管和心脏会处在同一平面上，各处的血压值不会出现大的变化。如果将平卧的姿势改为站立的姿势，不同部位的血压就会发生一定的变化。因此，一旦有人突然昏倒时，应迅速让其平卧，同时将四肢稍微抬高，这样做的目的就是要减少血液主压力，促进患者脑部的血液循环。

急性胆囊炎怎么办？

急性胆囊炎是一种胆囊疾病，它是由细菌感染与高浓缩的胆汁或反流的胰液等化学刺激所引起的炎症，是比较常见的胆道系统疾病，常与胆石症并发。

急性胆囊炎的症状主要表现为上腹部或右上腹部突发阵发性绞痛或持续钝痛，并放射至右肩及背部。当腹痛时还会出现恶心、呕吐、畏寒、发热及轻微黄疸等症状。它的病因主要是由于胆囊管部分或完全梗阻引起胆汁滞留；入侵细菌如大肠杆菌、产气杆菌、脓绿杆菌或葡萄球菌由胆道逆行感染，少数通过血行或淋巴途径感染；胰液的反流刺激或肠道寄生虫带菌感染胆道，也可以引起胆囊炎；严重创伤、其他部位手术刺激等可使胆道运动功能失调，使胆汁滞留。

当发生急性胆囊炎时，可以采取以下措施进行救护：

（1）卧床休息，暂时不要进食。

（2）等到病情有所好转之后，可以吃一些流质食物，但不能吃含有脂肪类或油腻类的食物。

（3）腹痛时可以口服阿托品或普鲁苯辛等药物或肌注安定、强痛定或杜冷丁等止痛药。

（4）及时对原发病进行治疗，如果有感染灶者，应用抗菌素，防止炎症扩散。

排尿性晕厥怎么办？

排尿性晕厥又称小便猝倒，主要是由于血管舒张或收缩障碍造成的低血压,从而导致大脑一时性供血不足所致。导致大脑一时性供血不足是由多种原因复合作用造成的,一般这种原因可以通过自身的调节得到改善。因此,晕厥时间一般很短,大约在 2 分钟后便可自行苏醒,且不会留下后遗症。

一旦发现排尿性晕厥的患者,应立即采取措施进行处理。首先要让患者取平卧姿势,并让其安静,然后迅速用手指压迫患者的人中、内关、足三里等穴位,这样做能够对升压产生一定的效果。如果怀疑是颅脑外伤或脑出血时,应迅速送往医院进行诊治,以免延误时机导致生命危险。

此外,还应注意以下事项:

(1)排尿性晕厥发作频繁的人,在睡前应尽量少饮水,起床排尿时应先坐片刻后再站起来,这样可以改善肌体的反应。

(2)排尿不要过急、过猛,排尿时如果出现头晕、眼花、心慌、腿软等现象,应迅速抓住物体或马上改为蹲式小便。平时有排尿性晕厥的人,排尿时应取蹲位姿势。

(3)有肺结核、神经衰弱和气血两虚的患者很容易出现此种晕厥。另外,病后体虚、过度疲劳以及饮酒等也可诱发此病。

眼球穿通伤时怎么办?

眼球穿通伤指眼球遭到外界锐器的刺伤或高速射出的异物碎屑穿破眼球壁,穿通伤的严重程度与致伤物的大小、形态、性质、受伤的部位、飞溅的速度、污染的程度以及球内有无异物存留等因素有关,可以引起眼睛感染、球内容物脱出、球内异物和交感性眼炎,甚至还有导致失明的可能,因此,一旦出现眼球穿通伤的情况应及时抢救和正确处理。

当眼球被穿通伤时，伤者在受伤的瞬息间会感到有一股热泪涌出眼外，同时伴有眼睛疼痛、睁不开、视力减退等症状。在检查伤眼时往往可以直接看到眼球上的伤口，伤口处有时会有一些黑色物流出，或者有透明的似鸡蛋清样的胶体物质(呈玻璃体)从伤口冒出，瞳孔不圆，有时会因为眼球内出血而无法看到瞳孔。如果眼球内的容物大量流失，眼球就会变得很软，甚至还有可能出现塌陷的情况。

眼球穿通伤患者应取安静平卧姿势，不要躁动啼哭，也不要对伤眼随便擦拭或清洗，更不能挤压伤眼，以免眼内更多的容物被挤出，此时，应迅速用干净的毛巾或手帕对伤眼进行较松包扎。要注意的是，一定要进行双眼包扎，因为只有这样才能够降低因健眼眼球的活动而带动受伤眼的转动，防止伤眼因震动、摩擦和挤压而导致伤口严重出血的情况以及眼内容物继续流出等不良后果。

在进行包扎时不要滴用不干净的眼药水，否则只会增加感染的机会，也不要涂眼药膏，因为眼药膏会给医生进行手术修补伤口时造成困难。待双眼包扎妥当后，及时前往医院救治，途中应尽量避免震动。

突发性耳聋怎么办？

突发性耳聋指平时听力正常，突然一耳听觉消失，患者会感觉一阵耳胀或堵塞感，有时会出现头晕的情况。主要起因是内耳外伤、感染、梅毒、药物中毒、听神经瘤，也有原因不明的突发性耳聋。当感冒、疲劳、情绪激动、饮酒、用力擤鼻涕时，经常会诱发突发性

耳聋。

当突发性耳聋时,常常会出现耳聋、耳鸣、眩晕等症状。耳聋常在几小时或 1 周内加重,多见于单侧耳聋,成年人偶尔有双侧耳聋的情况;耳鸣常于发病前或病后出现,多为阵发性高频声调,70%以上患者会出现此种现象;眩晕常出现于耳聋前后,伴有恶心、呕吐、头痛等症状,50%以上患者会出现此种现象。

当出现突发性耳聋时,可以采取以下几种方法进行处理:

(1)安静休息,情绪不要激动急躁。如果患者情绪不稳定,可以口服安定 2.5 毫克/次,3 次/日;也可用葛根片 3 次/日,3 片/次口服。

(2)不要增加咽鼓管气压,不用力擤鼻涕等;有条件可用抗生纱、高压氧等。

(3)在原因没有查明前应限制饮水和食盐的摄入量。

另外,在平时也要及时预防耳外伤和感染,慎用链霉素、卡那霉素等以免引起中毒;如果患有听神经瘤、梅毒等病时,要尽快治疗;平时保持情绪稳定,防止感冒和疲劳过度。

脱发怎么办?

可能导致脱发的原因有很多种,如饮食睡眠不当、长时间的脑力劳动、内分泌失调、非感染性皮肤病、良性或恶性肿瘤、内分泌失调性疾病以及某些发热性疾病等。

另外,从事电脑工作的人比较容易脱发,因为这些人用脑时间比较长,且注意力高度集中,与头发生长相关的内分泌功能就会发生紊乱,造成皮脂腺分泌旺盛,毛囊很容易被堵塞,从而使头发的营养供应出现障碍,导致头发脆性增强而出现脱发的现象。

要防止脱发,关键在于科学用脑,可以将使用电脑的时间调整好。在电脑前每工作半小时,就要稍作休息,此时可以离开电脑屏幕,向远处眺望几分钟;也可以转动头颈;或者闭目休息几分钟。

平时应养成按摩头部的好习惯,每天早中晚按摩太阳穴和头顶正中的百会穴,并用双手的食中指沿额角和头部正中线做由前向后捋按,次数不限。合理调整饮食结构,平时可以多食用一些新鲜的蔬菜、水果以及含有丰富维生素 B 的食物,多食杂粮,少食肥甘厚味以及辛辣刺激性的食品,并保持大便通畅。无论工作多么紧张都要保证充足的睡眠,这样可以使大脑皮层的血液循环得到适时的调节。

另外,也可以采取食疗的方法:

(1)多吃蔬菜瓜果,防止出现便秘的情况。应坚持多吃谷物、水果,如果蔬菜摄入量减少,很容易引起便秘而"弄脏血液",从而影响头发质量,不仅会得痔疮,还会加速头顶部的脱发。

(2)补充铁质。经常脱发的人体内常常缺铁,含铁丰富的食物一般有黄豆、黑豆、蛋类、带鱼、虾、熟花生、菠菜、鲤鱼、香蕉、胡萝卜、马铃薯等。

(3)补充植物蛋白。如果有头发干枯、发梢裂开的现象,可以多吃一些大豆、黑芝麻、玉米等食品。

(4)多吃一些含有碱性物质的新鲜蔬菜和水果。脱发以及头发变黄的主要因素之一就是因为血液中带有酸性毒素,原因是体力以及精神过度疲劳,或长期食用纯糖类和脂肪类的食物,导致体内

的代谢过程中产生酸毒素。此时,肝类、肉类、洋葱等食品中的酸性物质很容易使血中酸毒素增加,因此要少吃。

(5)补充碘质。头发的光泽与甲状腺的作用有关,补碘可以加强甲状腺的分泌功能,可以使头发健美。多吃一些海带、紫菜、牡蛎等食品。

(6)补充维生素 E。维生素 E 可以抵抗毛发衰老的现象,能够促进细胞分裂,加快毛发生长;可以多吃一些鲜莴苣、卷心菜、黑芝麻等。

落枕了怎么办?

落枕也称"失枕",是一种常见病,常见于青壮年,以冬春季多见。落枕一般与睡枕及睡眠姿势有密切关系,在入睡前并无任何症状,只是在早晨起来后颈、背部会感到明显酸痛,且颈部活动受限。此情形常发生于一侧,也有两侧俱痛者,也有一侧重一侧轻的情况。大部分由于睡眠位置欠佳,颈部肌肉会出现疼痛,浅层肌肉有痉挛、僵硬,摸起来有"条索感",从而导致颈项不能自由旋转,情况严重者连俯仰都很困难,甚至头部强直于异常位置,使头偏向病侧。

当出现落枕时,可以采取以下方法进行处理:

(1)用两手掌在颈部用力按摩,直到局部发热为止。具体作法为:把左手或右手中、食、无名指并拢,在颈部疼痛处寻找压痛点(多在胸锁乳突肌、斜方肌等处),由轻到重按摩 5 分钟左右便可,左右手可交替进行;用小鱼际由肩颈部从上到下,从下到上快速击打 2 分钟左右;用拇指和食指拿捏左右风池穴、肩井穴 1~2 分钟;

一口气读懂自救常识

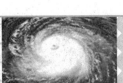

以拇指或食指点按落枕穴(手背第 2、第 3 掌骨间,指掌关节后 5 分处),待产生酸胀感觉时再持续 2~3 分钟;最后进行头颈部前屈、后仰、左右侧偏及旋转等活动,此动作应缓慢进行,且不可用力过猛。

(2)也可采取热敷的方式,即用热水袋、电热手炉、热毛巾以及红外线灯泡照射,都可以起到止痛的作用。

(3)也可以用正红花油、甘村山风湿油、云香精等,在痛处进行擦揉,每天 2~3 次,效果良好。

(4)可将伤湿止痛膏、膨香止痛音外贴颈部痛处,每天更换 1 次,止痛效果比较理想,但患者会感觉贴膏后颈部活动受到一定限制;另外注意孕妇禁止使用。

(5)改变睡眠姿势,调整枕头的高低,适当扭动脖子。

得鱼鳞病怎么办?

鱼鳞病主要有寻常型鱼鳞病、性连锁隐患性鱼鳞病、表皮松解性角化过度鱼鳞病、板层状鱼鳞病 4 种类型。

在鱼鳞病的护理过程中,应多吃一些含有丰富维生素 A 的食物,如胡萝卜、奶油、白薯、绿叶素、鱼肝油及猪肝等,千万不要食用刺激辛辣的食物。冬天洗澡不要太勤,肥皂也不宜使用太多,在洗完澡后应搽用一层护肤油脂,这样可以使皮肤柔润、鳞屑减少,同时能够锁住水分和足够的营养成分。还要注意衣着保暖,防止风寒刺激皮肤,这样可以使患者舒适,病情缓解。 另外,保持良好的心理状态也很重要。

在上述护理的基础上,如果病情仍然比较严重,可以考虑用药治疗:

1.西医治疗

口服大量的维生素 A,每天 10 万~30 万单位或维生素 A 酸,每日 1 毫克/千克,但长期服用可能会出现骨质脱钙、脱发和其他中毒症状。也可以外用 10%的尿素脂,0.1%的维生素 A 酸霜或 20%的鱼肝油软膏等,对缓和皮肤干燥、脱屑、皲裂有一定的功效。

2.中医治疗

内服法:血虚风燥症,无家族史,幼年发病,皮肤干燥,体质素虚者,服十全大补丸配苍术膏;瘀血阻滞症,有家族史,自幼发病,皮肤干燥、粗糙、皲裂,两目黯黑者,服血府逐瘀口服液。

外治法:血虚风燥症可以用杏仁 60 克,研碎煎汤外洗,然后将胡桃 90 克,乳汁 10 克,捣烂和成膏外用;瘀血阻滞症可用大黄 15 克,桂枝 20 克,桃仁 30 克,煎汤外洗,然后外搽当归膏(当归 20 克、香油 50 克、黄蜡 6 克,先将香油熬开,入当归煎至焦枯,去渣冷温,加入黄蜡成膏)。

得了螨虫性皮炎怎么办?

过敏性皮炎是皮肤科中比较常见的一种疾病,仅致病源就有上百种,比较常见的有鱼虾、蛋类、牛奶、皮毛、粉尘、花粉、染色剂、洗涤剂等。在日常生活中,大部分人都错误地认为,对于皮炎,用不着去医院治疗,只要涂上一层激素软膏就可以好。其实不然,有些皮肤病如果病因不明,即使大量服用药物也治不好,螨虫性皮炎就是其中的一种。至于它的感染途径,有些是因为家里养鸡而感染上螨虫;有些是因为养猫狗等宠物而得了螨虫性皮炎;还有的人因为对家中所铺的地毯过敏所致。

一口气读懂自救常识

当人体接触螨虫后，虫体的机械刺激及其分泌物就会引发机体产生变态反应，出现瘙痒、丘疹或水疱、红肿等过敏性皮炎。

消除螨虫性皮炎的关键是要祛除病因，仅仅依靠对症治疗是没有多大效果的；而查出病因给以合理科学的生活指导，便可以大大降低它的发病率。如：搞好环境卫生，清除室内杂物，维持室内干净，保持卧室、仓库、货柜、贮具、谷物等地方的通风干燥。平时应加强个人防护，勤洗澡勤换衣服，被褥衣物等应经常在日光下曝晒，尽量不要接触毛皮制品，保持面部清洁，避免用公共脸盆、毛巾等，做到了这些，就可以远离螨虫的骚扰。

得了螨虫性皮炎时，可以采取以下方法进行治疗：

（1）祛除病源。及时将席上的"土螨"清除，可先使用 40℃的肥皂水将席面的汗渍擦拭干净，然后用灭虫喷雾剂喷洒凉席正反面后将席卷折，并用不透气的薄膜将其包封好，密封 3~4 小时后便可使螨虫窒息死亡，最后将其取出，并用清水反复进行擦拭，待干净后，放置通风干燥处晾干再用。

（2）如果皮肤受损局部外用皮康霜或氟氢松霜，症状严重者应及时去医院治疗。

（3）千万不要热水烫洗破损处及用手搔抓，以免引起感染。

遭遇日射病时如何自救？

在炎热的夏天进行运动时，由于在阳光下曝晒过久，头部缺少防护，往往会突然出现高烧、耳鸣、恶心、头痛、呕吐、昏睡、怕光刺激等现象，此种现象便是日射病。

在发病初期，患者会出现精神沉郁、四肢无力、步态不稳、共济

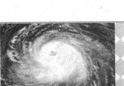

失调、突然倒退、目光凝视、眼球突出的症状,有些人还会全身出汗,随着病情的不断发展,会呈现出心血管运动中枢、呼吸中枢、体温调节中枢紊乱甚至出现麻痹症状。有的还会出现体温上升、皮肤干燥、汗液分泌少或无汗、兴奋不安、剧烈痉挛或抽搐等情况,甚至迅速导致死亡。

当遭遇日射病时,可以采取以下措施进行救护:

(1)迅速将患者送到阴凉通风处仰卧休息,解开衣扣、腰带,敞开上衣。可服滴水、仁丹等防治中暑的药品。

(2)如果患者的体温持续上升,若条件允许,可以在澡盆中用温水浸泡下半身,并用湿毛巾擦浴上半身。

(3)如果患者出现意识不清或痉挛,在通知急救中心的同时,注意保持呼吸道畅通。

此外,还要注意以下事项:

(1)给患者降温时,也可以用酒精擦身体并吹电扇,但是,此方法降温速度比较快,如果没有医生在现场,最好不要使用。

(2)有人症状稍有见轻又参加运动,应多加注意,防止再一次得日射病。

(3)与日射病相近似的还有一种热射病。这是在炎热的天气作业或旅游,由于过量的热积聚所致。其症状表现为皮肤干热无汗,体温高达42℃,疲乏、头痛、头晕、尿频、颜色发红、步态不稳、瞌睡或昏睡。二者的原因有些差别,但自救措施完全相同。

鼠疫发生时怎么办?

鼠疫俗称1号病,是对人类健康和生命安全起到严重威胁作用的一种烈性传染病,其病原体是耶尔森菌。

鼠疫的潜伏期,一般情况下腺鼠疫为 2~5 天,而肺鼠疫可持续数小时至 3 天,曾经接受预防接种者可长达 9~12 天。

在鼠疫发作的过程中,主要表现为突发高热,同时伴有颜面潮红、结膜充血、恶心呕吐、头及四肢疼痛、皮肤及黏膜出血等,随后还可能会出现意识模糊、言语不清、衰竭、血压下降和步态蹒跚等症状。

鼠疫经常通过跳蚤之类的昆虫来进行传播,从而构成"啮齿动物——蚤——人"的主要传播途径,而家鼠是鼠疫的主要传染源。

如果人体出现不明原因的高热、淋巴结肿大、疼痛、咳嗽、咳血痰等症状,就有患上鼠疫的可能,应立即去医院进行诊断。一旦确诊,就要立即将患者隔离,并由专业人员及时对患者的房间以及用过、接触过的物品进行彻底地消毒。

如果是在家中或单位发现不明原因的死鼠,应立即向附近的疾病预防控制中心报告,接触过鼠疫患者也应主动向疾病预防控制中心报告,并经常性地开展灭鼠、灭蚤等行动,在鼠疫疫情发生后,无关人员严禁进入疫区。

为了防止鼠疫的传播,可以采取以下预防措施:

(1)控制传染源。经常性地进行灭鼠、灭蚤行动,监测和控制鼠疫;严格对患者进行隔离;对于患者和疑似患者应分别隔离。对鼠疫患者的分泌物以及排泄物进行彻底消毒或焚烧,并想方设法防止鼠疫患死者的尸体与外界传播。

(2)切断传播途径。加强交通检疫,对来自疫区的车、船、飞机

进行严格检疫并灭鼠灭蚤。

(3)保护易感者。服用磺胺嘧啶或四环素类药,连用 6 天,作为预防性服药,加强个人防护,也可进行预防接种。

第三章 食物中毒时的自救

食物中毒后如何处理?

七八月份天气炎热,极容易发生食物中毒。一般具有潜伏期短、时间集中、突然爆发、来势凶猛的特点。中毒者有上吐、下泻、腹痛等急性胃肠炎症状,严重的还可能因脱水、休克、循环衰竭而危及生命。

虽然如此,一旦发生食物中毒,千万不能惊慌失措,应冷静分析中毒原因,针对有毒食物以及中毒时间长短,及时采取如下应急措施:

(1)催吐。误食有毒食品在 2 小时内,可使用催吐的方法。立即取食盐 20 克,加开水 200 毫升使之溶化,待冷却之后一次喝下,如果不吐,可多喝几次,迅速促进呕吐。还可以用鲜生姜 100 克,捣碎取汁,并用 200 毫升温水冲服。变质的荤食品引起的食物中毒,可服用十滴水来促使迅速呕吐;还可用筷子、手指或鹅毛等刺激咽喉部位,引发呕吐。

(2)导泻。如果病人服用食物时间已超过 2~3 小时,而且精神较好,则可服用些泻药,将有毒食物尽快排出。一般用大黄 30 克,

一次煎服,老年患者可选用元明粉20克,用开水冲服,即可缓泻。对于老年体质较好者,可采用番泻叶15克,一次煎服,或用开水冲服,也可以达到导泻的目的。

(3)解毒。由于食用变质的鱼、虾等引起的食物中毒,可取食醋100毫升,加水200毫升,稀释后一次服下。此外,还可采用紫苏30克、生甘草10克,一次煎服。若是误食了变质的饮料或防腐剂,最好的处理方法是用鲜牛奶或其他含蛋白的饮料灌服。

在治疗过程中,要给病人良好的护理,尽量使其安静,避免精神紧张,注意休息,防止受凉,同时补充足量的淡盐开水。如果采取上述措施症状仍未见好转,或中毒较重者,应尽快送医院治疗。

控制食物中毒关键在预防,需搞好饮食卫生,严把"病从口入"关。

食用河豚鱼中毒怎么办?

河豚鱼产于我国沿海及长江下游,品种多种多样,且每种含毒量及部位也不完全一样。通常情况下,河豚鱼的卵巢、睾丸、皮、肝及鱼子都会有剧毒,且在冬春之交生殖繁育时期毒性最强。由于河豚鱼味道比较鲜美,因此,很多人明知它有毒还是要吃,真所谓"拼死吃河豚"。

河豚鱼的有毒成分主要是河豚毒素和河豚酸,一旦被吸收后就会迅速作用于神经,使呼吸循环中枢麻痹,导致死亡。

中毒表现一般在食后0.5~3小时,首先胃部会出现不舒服,恶心、呕吐、腹痛及腹泻,并出现全身不适,口唇、舌尖及指端发麻,之后会全身发麻,四肢无力,两眼睁不开,肌肉瘫痪,行走困难,呼吸

浅而不规则，随后呼吸困难，面色青紫，血压下降，瞳孔先缩小后散大，最后呼吸麻痹。症状发展迅速，往往会在数小时内死亡。

当食河豚鱼中毒时，首先可以刺激咽喉部使之呕吐，如果没有达到效果，可用1%硫酸酮50毫升口服，便可起催吐作用，再用鲜芒根千克，洗净捣汁内服，家中处理后应迅速送往附近医院进行抢救。为了使大家都了解吃河豚鱼的危险性，应该进行广泛地宣传，销售部门禁止出售河豚鱼，家庭禁止食河豚鱼等。

组胺中毒怎么办？

沿海地区及有食用海产鱼习惯的地区容易发生组胺中毒。含高组胺的鱼类主要是海产鱼中的青皮红肉鱼，包括鲐鱼、池鱼（学名为蓝圆鲹）。当鱼体不新鲜或腐败时，鱼体中的组氨酸便会经细菌分解成为组胺，从而使组胺含量不断升高，人摄入之后便会引起过敏型食物中毒。含高组胺鱼中毒的特点是发病急、症状轻、恢复快。

吃了含有高组胺的鱼类后，一般在进食0.5~1小时过后就会发病，症状主要表现为脸红、头晕、头痛、心慌、脉快、胸闷和呼吸促迫。部分病人还会出现视物模糊、脸发胀、唇水肿、口和舌及四肢发麻、恶心、呕吐、腹痛、荨麻疹、全身潮红等症状。

中毒之后可以先催吐、导泻以排出体内尚未吸收的毒物；也可以口服苯海拉明、布克利嗪（安其敏）、氯苯吡胺（马来那敏、扑尔敏）等，便可使中毒表现迅速消失。对于不宜服用抗组胺药物者，可静注10%葡萄糖酸钙10毫升，一天1~2次，也可口服维生素C。

为防止组胺中毒，在买到青皮红肉鱼时，应及时将之冷藏或冷

冻以保持鱼肉新鲜。在进行选购时,要选那些新鲜的鱼,不要选购以及食用鱼眼变红、色泽不新鲜、鱼体无弹力的鱼。在鱼买回来之后应及时进行烹调,烹调前要除去内脏并清洗干净,切段之后用水浸泡几小时,然后再进行红烧、酥闷,在做的过程中最好加些食醋进行烹调,不要油煎或油炸。盐腌储存时,应将鱼背劈开,并加25%以上的食盐腌制。有过敏性疾患者,不宜食用青皮红肉鱼类。

沙门菌食物中毒如何处理?

沙门菌一般存在于猪、狗、羊、牛、鸡、鸭、鹅及鼠类的肠道中,其所致的中毒是最常见食物中毒之一。沙门氏菌食物中毒,一般发生在夏秋季节,如果曾食用过被污染的肉类,就应警惕患上沙门菌食物中毒。

当沙门菌食物中毒时,在进食的短期内会出现急性胃肠症状,如恶心、频繁性呕吐、腹痛、腹泻等。当病情严重时,还会发生高热、脱水、昏迷、抽搐等,并很快死亡。

当沙门氏菌食物中毒时,可以采取一些及时处理的方法:卧床安静休息,将呕吐物进行严格地消毒处理;呕吐过后,食用一些容易消化的半流质食物;对于呕吐厉害者,可以给阿托品0.5毫克皮下注射;如腹痛厉害,可用手导引或针刺足三里,天枢等穴,每次20~30分钟,每天2~3次;或用马齿苋30~60克水煎服。如果症状比较严重,应迅速送医院抢救。

饮食、饮水卫生,对肉、禽、奶、蛋类食品加工、储存应严防污染。预防沙门氏菌食物中毒,首先就要禁止食用病畜、病禽,并注意饮食、饮水卫生,对肉、禽、奶、蛋类食品加工,储存应严防污染;食

用肉类时要煮熟、煮透；存放、加工时生熟食物要分开。

症状严重时，服大量维生素C以维持水与电解质平衡。腹痛时可用颠茄、阿托品等治疗，此外，可用氟派酸、氟嗪酸或氨苄青霉素、羟氨苄青霉素等抗菌素，也能起到很好的疗效。

蟾蜍中毒如何处理？

蟾蜍俗称癞蛤蟆，我国各地均有分布。蟾蜍的腮腺和皮肤腺（皮疣）可以分泌毒液，引起中毒。

食用蟾蜍肉、头、卵巢、肝时都会引起中毒。儿童和心脏病、高血压患者以及体弱者的中毒症状一般比较严重。蟾蜍中毒的潜伏期一般在0.5~1小时内，中毒者常常会出现恶心呕吐、腹痛腹泻、水样便等胃肠症状；并伴有头痛头晕、口舌麻痹、嗜睡、四肢麻木及心悸心律失常等。

当蟾蜍中毒时，要及时进行洗胃，静脉滴注5%葡萄糖或葡萄糖盐水，并食用大量维生素B和维生素C，必要时使用一些中枢兴奋剂和抗生素以预防感染。如果出现心情烦躁和抽搐，可以适当给予镇静剂。如果出现类似洋地黄中毒症状，可口服或静脉滴注稀释的氯化钾；传导阻滞可用阿托品。补充液体，止惊。出现呼吸及循环衰竭时可以采取相同的措施。如果眼睛不慎沾污蟾毒，可用紫草汁滴眼或冲洗。

鱼胆中毒时怎么办？

淡水养殖的青鱼、鳙鱼、草鱼、鲢鱼、鲤鱼等容易引起鱼胆中毒。鱼胆中毒潜伏期最短为0.5小时，通常情况下为5~12小时。最

一口气读懂自救常识

早会出现一些消化系统症状,具体表现为恶心、呕吐、腹痛、腹泻等胃肠炎症状。在病后 2~3 天会出现黄疸、肝肿大,肝功能也会有明显的改变等。泌尿系统症状主要表现为,中毒后 3~6 天会有少尿甚至无尿的情况出现。神经系统症状早期有头晕、头痛等现象,严重者会出现脑水肿,甚至还会出现神志不清、谵语、烦躁不安、全身阵发性抽搐、昏迷等症状。循环系统可出现心悸、心律紊乱、休克等。

据报道,一般情况下,如果食用鱼重 0.5 千克的鱼胆 4~5 个或鱼重 2 千克的鱼胆 1 个,便会引起中毒;如果食用鱼重 2.5 千克的鱼胆 2 个或鱼重 5 千克的鱼胆 1 个,就会导致死亡。鱼胆中毒发病快、进展快且病情重,一般在中毒后第 8~9 天就会死亡。如果抢救不及时,病死率便会高达 30%。

如果吞服鱼胆的时间超过 6 个小时,就要进行催吐、洗胃。假如鱼胆汁在胃中停留的时间比较长,就要对症下药,如果条件允许,则要尽快采用腹膜透析或血液透析治疗,这样不仅有助于肾功能的恢复,还能促进体内毒物的排出。

很多地方的人们认为鱼胆有"明目"、"清热解毒"、"止咳平喘"等功能,因此,人们经常会有服用鱼胆来治疗某些疾病的习惯。对于这些人,应对鱼胆的有毒性进行充分地了解,防止滥吞食鱼胆而引起中毒。

菜豆中毒时怎么办?

菜豆包括多种可以食用的豆类,其中广东人又称"四季豆"为菜豆、玉豆或龙牙豆,而"面豆"又称宽扁豆、油豆、猫儿豆,外观呈绿色,部分豆体有红色线纹,果实饱满,豆粒为椭圆型,是我国部分

山区近年引进的新产品,菜豆中毒与红细胞凝集素和皂甙有关。在豆荚中含有一定的皂甙,它不仅对消化道有着强烈的刺激性,还能引起出血性炎症,并对红细胞起到溶解作用。假如将豆荚加热到100℃,再将它烧熟煮透,就能破坏其中的毒性。此外,豆粒中含红细胞凝集素,对红细胞有凝集作用,如果加热不透,毒素就不能被彻底破坏,从而有引起中毒的可能性。

中毒后一般会出现头痛、头晕、恶心、呕吐、腹痛、无力、四肢麻木、肌颤、心慌等症状,严重的人还可能出现流涎、出汗、瞳孔缩小、血压下降、神志恍惚或昏迷等症状。中毒大多在进食4~8小时后发生,潜伏期最短为30分钟。

如果豆荚中毒症状比较轻,就不需治疗,过段时间便可自行消失。症状比较严重,而且吐、泻严重者,就要静滴葡萄糖盐水和维生素C,以纠正水和电解质的紊乱,并促进体内毒物的排泻。有凝血现象时,可给予低分子右旋糖酐、肝素等。

在购买菜豆时,必须注意选择鲜嫩的菜豆,加工时先去除含毒素较多的两头、豆荚和老菜豆;在烹调的过程中,要把全部菜豆煮熟焖透,不要采用凉拌、爆炒等加热时间比较短的方式。当豆棍由硬变软时,外观就会失去原有的鲜绿色而呈暗绿色,此时毒素就被彻底破坏,吃起来也毫无豆腥味。

集体食堂的菜肴,由于各种饭菜的加工量比较大,会出现翻炒不均、受热不匀的现象,菜豆也不容易烧熟焖透,毒素不能完全被破坏,很容易引起菜豆中毒。因此,集体食堂最好不要加工供应上述食物,以免因加工不当而引起集体性食物中毒。

含氰苷类植物中毒时怎么办？

含氰苷类植物性食物中毒以苦杏仁引起的最为多见，后果也最为严重。此外还有苦桃仁、李子仁、枇杷仁、樱桃仁和木薯等。其中的有毒成分主要为氰苷，它会在酶或酸的成分下放出氢氰酸。苦杏仁苷含有剧毒，只要吃下 1~3 粒苦杏仁便可引起中毒，甚至死亡。

苦杏仁中毒多发生于杏熟时期，很多小朋友在不了解苦杏仁毒性的情况下，便将苦杏仁生吃，或父母没有按照医生的处方便自行使用苦杏仁煎汤治小儿咳嗽，从而引起中毒。

在苦杏仁中毒后，一般会在人体内潜伏 1~2 小时。症状发生时会感觉口内苦涩、流涎、头晕、头痛、恶心、呕吐、心慌、四肢无力，随后便出现不同程度的呼吸困难、胸闷，情况严重者可能会出现意识不清、呼吸急促、四肢冰冷、昏迷等症状，还时常会发出尖叫声。继而中毒者意识丧失、瞳孔散大、对光反射消失、牙关紧闭、全身阵发性痉挛，最后因呼吸麻痹或心跳停止而死亡。

如果发生了苦杏仁中毒的情况，便要及时进行催吐，此时可用筷子、勺子或手指刺激咽后壁，促使病人将毒物吐出，如果家中条件好，可用 1:1000 的高锰酸钾水，让中毒者喝下之后再吐出，以洗出胃内残留的毒物；也可用甘草、黑大枣各 120 克煎服，或新鲜萝卜 1.5~2 千克，洗净、捣烂取汁内服，还可用绿豆煎汤或对绿豆粉进行冲服。如果使用上述方法仍不见症状减轻，应尽快送往医院进行治疗。

预防苦杏仁中毒，最重要的一点就是不生吃苦杏仁。如果要煮

一口气读懂自救常识

熟或炒熟食用,也应该控制用量,否则也可能引起中毒。苦、甜杏仁应当鉴别,苦杏仁味苦涩,顶端尖,呈扁心脏形,基部钝圆而厚,左右略不对称;甜杏仁味淡甘,大而扁,基部略对称。不能将苦杏仁误作甜杏仁而生食。

马铃薯中毒如何处理?

马铃薯,俗称"土豆"、"洋山芋"、"山药蛋"等。因为马铃薯含有很丰富的营养,而且味道十分鲜美,是人们喜爱的食物。在马铃薯中,有一种叫"龙葵碱"的物质,成熟的马铃薯"龙葵碱"含量很少,因此一般情况下,不会引起中毒,但在那些皮肉青紫、发育不成熟或发芽的马铃薯中,尤其在发芽的部位含毒量较高,吃了很容易引起中毒,人在中毒后会感到咽喉发痒、恶心、呕吐、腹痛、腹泻、胸口发热疼痛等。

如果发生了马铃薯中毒,应立即用浓茶或 1:5000 高锰酸钾溶液进行催吐洗胃。

马铃薯中毒较轻者,可以多饮糖盐水来补充水分,并适当饮用食醋水和茄碱。当出现剧烈呕吐、腹痛时,可给予阿托品 0.3~0.5 毫克,进行肌肉注射。如果马铃薯中毒比较严重,应迅速送医院进行救治。

春季潮湿温暖,如果马铃薯保管不当,很容易发芽,因此,春夏季节是马铃薯中毒的多发季节。此时要注意加强对马铃薯的保管,防止发芽是预防中毒的根本保证。

为预防马铃薯中毒,不要食用那些发芽的、皮肉青紫的马铃薯。少许发芽但没有变质的马铃薯,可以将发芽的芽眼彻底挖去,并将皮肉青紫的部分削去，然后在冷水中浸泡 30~60 分钟，使残余毒素在水中得到溶解，而后再清洗。在烹调的过程中，可以加一些食醋，待充分煮熟后再食用。其中，热和醋可以加速分解龙葵素，起到化解毒素的作用。但是如果马铃薯发芽过多或皮肉大部分已经变紫，则不宜再食用，即使加工处理也不能保证完全无毒。

毒蕈中毒了怎么办？

蕈，即大型菌类，尤指蘑菇类。有毒的大型菌类称毒蕈，也称毒菌。毒蕈俗语叫做"毒蘑菇"。比较典型的毒蕈有：致命白毒、铅绿褶菇、网孢牛肝菌、大鹿花菌、赭红拟口蘑、白毒鹅膏菌、毒鹅膏菌、哈蟆菌。

一般情况下，凡是那些色彩鲜艳，有疣、斑、沟裂、生泡流浆，有蕈环、蕈托且呈现出奇形怪状的野蕈，都存在不同程度的毒性成份，如毒蕈碱、毒蕈溶血素、毒肽和毒伞肽等。

在食用毒蕈 0.5~0.6 小时后，便会出现恶心、呕吐、剧烈腹泻或腹痛等症状，同时还会伴有多汗、流口水、流泪以及脉搏等现象，少数患者甚至还会出现昏迷、休克或死亡的现象。在中毒之后，应及时采取以下措施进行处理：

(1)迅速拨打急救电话，并将毒蕈的样品进行保留，以便供专业人员救治参考。

(2)在等待医院救护人员到来的同时，应让中毒者饮用大量的温开水或稀盐水，然后采取催吐的方法进行催吐，如用汤匙压舌根，以减少毒素的吸收。为补偿反复呕吐后发生的脱水，最好让患者饮用加入少量食盐和食用糖的"糖盐水"，以补充能量，防止休克

情况的发生。

(3)已经发生昏迷的患者，不要强行在其口中灌水，以免发生窒息，同时，为患者加盖毛毯保温。

为防止毒蕈中毒的情况，重点还在于及时预防。主要是加强宣传教育，让群众识别毒蕈，避免采食。部分毒蕈与可食蕈极相似，不能充分识别，最好不要食用。

食用霉变甘蔗引起中毒怎么办?

霉变甘蔗中毒是指食用了因保存不当而导致霉变的甘蔗，从而引起的急性食物中毒。在我国，霉变甘蔗中毒常发于北方地区的初春季节。

霉变的甘蔗一般质软，与正常甘蔗相比，瓤部的颜色比较深，一般呈浅棕色，闻起来有一股轻微的霉味。从霉变甘蔗中可以分离出真菌，称之为甘蔗节菱孢霉，其所含的毒素为3硝基丙酸，是一种神经毒，主要损害中枢神经系统。

中毒时，潜伏期比较短，最短的只有十几分钟，最初的中毒症状为一时性消化道功能紊乱，出现恶心、呕吐、腹疼、腹泻、黑便等现象，继而出现神经系统症状，如头昏、头疼、眼黑和复视。中毒严重者会出现阵发性的抽搐；抽搐时四肢强直，屈曲内旋，手呈鸡爪状，瞳孔散大，眼球向上偏向凝视，随后进入昏迷状态。中毒者可能会死于呼吸衰竭，幸存者也留下严重的神经系统后遗症，甚至会导致终生残废。

在发生中毒后，应及时洗胃、灌肠，以排除体内的毒物，同时对症下药。预防措施如下：

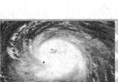

(1)甘蔗必须完全成熟后再进行收割,因为不成熟的甘蔗很容易发生霉变。

(2)甘蔗应随割随卖,在贮存的过程中,应采取一些防霉变的措施,存放的时间不要过长,应定期对甘蔗进行感官检查,已经霉变的甘蔗不要出售。

(3)加强预防甘蔗霉变中毒的教育工作,告诉群众不买不吃霉变甘蔗。

夹竹桃中毒怎么办?

夹竹桃又名红花夹竹桃、柳叶桃、白羊桃、铁石榴、菱角树等,其植株可以当作药用,具有利尿、祛痰、镇咳、去淤等功效,还可以用来治疗心脏病、心力衰竭、喘息咳嗽、跌打损伤等病症。

当夹竹桃中毒时,会出现以下反应:

(1)胃肠道反应,如恶心、呕吐、厌食等。

(2)心脏反应,如出现心跳加快、心室颤动等。

(3)神经及精神反应,会出现头痛、头晕、失眠等症状,甚至会出现精神紊乱,产生幻觉、说胡话等现象。

(4)视觉反应,主要表现为幻视、弱视等症状;此外,还会出现少尿、皮肤出现紫色小斑点等,症状比较严重的患者可能会因为心力衰竭导致死亡。

当夹竹桃中毒时,可以采取以下措施进行处理:

(1)中毒在 6 小时以内,可用 0.5%鞣酸洗胃,或用高锰酸钾洗胃,必要时服泻剂或灌肠;另外,输入高渗葡萄糖溶液有利尿排毒、促进毒物排泄的作用。

（2）服用解毒药物。以活性碳2份，氯化镁1份，鞣酸1份，拌匀后，每次取2茶匙冲开水200毫升口服；同时服用氯化钾2克，每隔2小时1次，不能口服者可注射氯化钾2克（10%氯化钾20毫升），加入5%葡萄糖溶液内作静脉缓慢滴注。

（3）心律失常者，可采用普鲁卡因酰胺；有房性心动过速时，注射苯妥英钠，阿托品等。

（4）采取中医中药治疗的方式，可以用浓茶加适量白糖，频频饮服；或甘草15克、绿豆30克，水煎分2次服。

野毒芹中毒怎么办？

芹有家芹（人工栽种食用芹菜）以及野生芹菜两种，很多野生芹有毒，不能食用，常见有毒芹和水毒芹。毒片又名毒人参、斑毒芹和芹叶钩吻，它的主要成分是毒芹碱，毒芹碱是一种生物碱，为强碱性，具有特殊刺激性鼠尿臭味，主要麻痹运动神经，对延脑中枢有一定的抑制作用。

食用野生芹后不久就会感觉口腔、咽喉部烧灼刺痛，继而出现胸闷、头痛、恶心、呕吐等症状，吐出物中有一股鼠尿样的臭味，同时还伴有乏力、嗜睡等症状；随后会出现四肢无力、四肢麻痹（先下肢再延及上肢）、步履困难、眼睑下垂、瞳孔散大、失声等现象，经常会因为呼吸肌麻痹窒息而导致死亡。致死期最短者只有数分钟，长者可达25小时。

当野毒芹中毒时，可以采取以下措施进行救治：

（1）迅速用3%~5%的鞣酸溶液或1:2000的高锰酸钾溶液洗胃。

（2）用盐类泻剂进行导泻。

（3）静脉补液，促进毒物排泄，因吐泻失水者，尤应注意补充血容量和纠正电解质及酸碱失衡，必要时可予换血或输入新鲜血。

（4）清洁灌肠后再用4%鞣酸溶液200~300毫升保留灌肠。

（5）出现肢体麻痹者，可予新斯的明1毫克皮下注射或肌内注射，必要时可予重复。呼吸肌麻痹时，应迅速吸氧，人工呼吸，必要时作气管切开。

（6）中枢性麻痹、呼吸衰竭者予呼吸兴奋剂或纳洛酮0.4~0.8毫克，每隔4小时左右可重复使用，并给予氧气吸入，以应用巴比妥类药物或地西泮作肌内注射，及时控制抽搐最为重要。

苯中毒怎么办？

苯是一种无色、有芳香味的碳氢化合物，透明、易挥发、易燃、易爆。苯的中毒原理主要是由呼吸道侵入人体。吸入高浓度的苯蒸气或大量苯液污染皮肤或误服都可导致急性中毒。一般只要口服10毫升便可导致死亡，其毒性作用是抑制中枢神经系统，另外对造血、呼吸系统也有损害。

轻度中毒者一般会出现头晕、头痛、咽干、咳嗽、流泪、恶心呕吐、腹痛、腹泻、步态不稳、皮肤和指甲及黏膜紫色、急性结膜炎、耳鸣、畏光、心悸以及面色苍白等症状。中度以及重度中毒者，除了以上症状加重、嗜睡、反应迟钝、神志恍惚等外，还可能会迅速陷入昏迷、脉搏细速、血压下降、呼吸增快、抽搐、肌肉震颤等状态，有些患者还会出现躁动、欣快、谵妄及周围神经损害，甚至会出现呼吸困难、休克的现象。

当苯中毒时,可以采取以下措施进行救治:

(1)迅速将患者移至空气新鲜的地方,松开所有的衣服及颈、胸部的纽扣、腰带,让其保持静卧姿势,口鼻中如果有污垢物,应及时予以清除,以便呼吸通畅,同时注意身体保暖。

(2)口服中毒者应用0.005的活性碳悬液或0.02碳酸氢钠溶液洗胃催吐,然后服导泻和利尿药物,以便加快体内毒物的排泄,减少毒物的吸收。

(3)对于皮肤中毒者,应及时将被污染的衣服和鞋袜换下,并用肥皂水或清水反复清洗皮肤和头发。

(4)出现昏迷、抽搐的患者,应及时清除口腔内的异物,并保持呼吸道的通畅,由专人护送医院进行救治。

人参中毒怎么办?

当发生人参中毒时,患者会出现头昏脑涨、口渴、心悸、躁动不安、失眠多梦以及体重下降等症状。严重者还会出现脸色发白、抽搐、痉挛、呼吸急促、血压下降,或出现口鼻出血等。

当人参中毒时,可以采取以下措施进行处理:

(1)早期可以进行催吐或洗胃。家庭自救时,可以让患者口服1%的食盐溶液,然后刺激咽喉部位,让患者吐出胃内容物以缓解中毒症状。

(2)必要时可以给患者吸入氧气。如果家中没有吸氧的条件,可以立即将患者移至空气流通的地方,并尽量使周围保持安静,这样有利于抢救和治疗。

当人参中毒时,也可以采取中草药治疗的方式:

（1）取甘草120克,红糖30克。将甘草撕碎,放锅内加清水适量熬浓取汁,待温后服用,每日1剂,连服3~5剂。

（2）取旱莲草24克,生地黄18克,甘草12克,仙鹤草30克,黄柏15克。将这些药同时放入锅中并加清水煮成浓汁,取汁温服,每日1剂,连服数日(本方适用于口鼻出血的中毒患者)。

另外,还可以采取饮食疗法:

（1）取白萝卜1500克,刮去外皮后洗净,捣烂压榨取汁频频饮服,每日1~2剂,连服数日。

（2）取葡萄糖150~200克,用开水调化后随意饮服,剂量不限。

安眠药中毒怎么办？

安眠药种类繁多,其中以鲁米那、速可眠、氯丙嗪、安定、奋乃静等最为常用,中毒主要是因为安眠药服用过量或一次大量服用。

安眠药能够对中枢神经系统起到抑制的作用,少量服用可以催眠,但过量就会引起中毒。中毒者会出现昏睡不醒、肌肉痉挛、血压下降、呼吸变浅变慢、心跳缓慢、脉搏细弱等现象,甚至会出现深昏迷以及反射消失。如果被吸收的药量超过常用量的15倍,会因呼吸抑制而导致死亡。

安眠药的急性中毒症状因服药量的多少、时间、空腹与否,以及个人体质差异不同而不同。中毒者应迅速送往医院诊治。

当安眠药中毒时,可以采取以下措施进行处理:

（1）可以刺激咽喉部位催吐,或以1:5000高锰酸钾溶液或清水洗胃,还可以硫酸镁导泻。

（2）尽量让患者平卧,且少搬动头部。

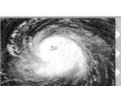

(3)对于血压下降的患者用去甲肾上腺素或间羟胺静脉滴注,出现惊厥的患者可以用异戊巴比妥,昏迷时给予盐酸哌醋甲酯(利他林)、印防已毒素等兴奋剂。

(4)还可以用护肝药以保护肝脏,促进新陈代谢。

(5)中毒比较严重的患者可以采用血液透析疗法。

吗啡类中毒怎么办?

吗啡类药物主要有止痛、止咳、止泻、解痉、麻醉等多种功效。

吗啡类中毒最初会出现欣快感和兴奋的表现,继而会出现心慌、头晕、出汗、口渴、恶心、呕吐、面色苍白、谵妄、昏迷、呼吸抑制、脉搏微弱、血压下降等症状,后期会出现瞳孔缩小的情况,对光的反射也会随之消失,最后因呼吸循环衰竭而死亡。

当吗啡类中毒时,可以采取以下措施进行处理:

(1)用 1:2000 高锰酸钾液洗胃,或刺激咽喉部位进行催吐。

(2)胃管内注入或喂食硫酸钠 15~30 克导泻,促进毒物排出。

(3)如果皮下注射,应立即用橡皮带或布带将注射部位的上方扎紧,同时对注射部位进行冷敷,这样可以延缓毒物的吸收;每 20~30 分钟应将结扎部位放松 1~2 分钟,不能连续结扎。

(4)呼吸困难的患者应及时进行人工呼吸并给予氧气吸入,同时还可以吸氮保持呼吸道通畅。

(5)用解毒药,需在医生的指导下使用,如纳洛芬,纳洛酮肌注等。

芦荟中毒怎么办?

芦荟属百合科植物,夏、秋开淡橘红色花,主要有好望角芦荟(产非洲)、库拉索芦(产南美洲)和斑纹芦荟(产我国南方诸省区)3种,是泻下通便的中药之一。在我国南方,芦荟为一种有毒的植物,芦荟全株均含有毒成分芦荟碱和芦荟泻甙(芦荟大黄素甙)。

入丸、散用每次 1.5~4.5 克,过量者可引起中毒。中毒时会出现恶心、呕吐、头晕、出血性胃炎和肠炎、剧烈腹痛、腹泻等现象,甚至会导致失水和心脏遭到抑制而出现心动过缓。

当芦荟中毒时,可以采取以下措施进行处理:

(1)立即拨打 120 急救中心进行呼救。

(2)口服浓绿茶或 3%鞣酸溶液洗胃。

(3)鸡蛋清 4~5 个,加入活性碳 10 克调服。

(4)补液并纠正电解质失衡。

(5)腹痛予阿托品 0.5 毫克皮下注射或予吗啡。

(6)孕妇禁用吗啡,可予黄体酮、维生素 E 保胎。

严禁用芦荟作食疗用,以防发生中毒事故。

一口气读懂自救常识

交通事故篇

第一章　陆路交通事故

车祸现场如何进行简易自救？

交通事故现场，常常是一片混乱的现象，如果我们不幸受伤，也不能坐以待援，一味等待救援人员前来救助。这样一方面可能延误施救时间，另一方面，还可能因为局面混乱而被救援人员忽略抢救。这时，如果自己掌握一些简单有效的自救方法，便于及时进行处理。

发生车祸时，如果在一些偏远的地方，更需要自我急救。受伤后，应迅速根据疼痛情况判断身体的大概受伤部位，再采取相应的救治措施。

如果产生胸部剧痛、呼吸困难，应首先怀疑是否是肋骨骨折刺伤肺部。如果感觉到剧痛和呼吸困难，可能是被方向盘撞到胸部。这时有可能会发生骨折，需要明白的是，此时如果碎骨进入肺叶，可能会导致死亡。如果怀疑骨折，因此保持原地不动，千万不要贸然移动身体，可以打手机求救或者求助他人。

如果出现腹部疼痛，有可能是肝脾破裂大出血。当车的方向盘比较靠下时，容易撞击到肝脏和脾脏等器官。肝脾破裂，发生大出血时通常会伴有腹痛。但这种疼痛并非难以忍受，很多伤者的神智

仍会清醒。此时最好不要随意走动,应静待救护人员的到来。

出血可能是外伤。如果头颈部或胸部受到外伤,最好先检查颈部是否出血,因为颈部的血管是最重要的部位。在大量出血时,可用车上备用的干净毛巾等物品暂时包扎,以免失血过多,支撑到医务人员到来后仔细处理伤口。

如果是肢体产生疼痛,甚至肿胀畸形,则有可能是骨折。骨折后任何微小的动作都有可能对以后的恢复造成损害,因此,不要乱动盲目包扎。搬动伤者前确保伤肢不会发生相对移动,以免伤及血管和神经。可用木板或是较直、有一定粗度的树木、固定带将2~3块木板在伤肢的上中下3个部位横向绑扎结实。

如果是脖子疼,则可能是颈椎错位。感觉自己的颈椎或腰椎受到了冲击,应坚持请专业医护人员搬动,否则很有可能形成永久性的伤害,甚至瘫痪。

如果在路上行走与车辆相撞,头部直接被撞到地上,脑出血、骨折的可能性比较大;重伤者经常出现昏迷、呕吐;此时如果本人还有意识,最好不要乱动,可在原地等待急救中心的医务人员来处理。

交通事故中头部外伤如何处理?

出现交通事故时,如果发现有受伤者,应首先检查头部有无外伤,是否处于危险状态。此时最重要的是不要随意移动伤者,应按以下程序迅速进行抢救:

尽量让伤者取昏睡体位,即让伤者侧卧,头向后仰,保证呼吸道畅通。如果受伤者停止呼吸,应立即对其进行人工呼吸,抢救伤

者。如果头皮有出血现象,应用干净纱布等直接压迫止血。

发现头部受伤,并有血液和脑脊液从鼻、耳内流出,则需让伤者平卧,让受伤部位朝下,即左耳、鼻流出脑脊液时左侧向下,右侧流时右侧向下。如果喉和鼻部大量出血,容易引起呼吸困难,为使受伤者呼吸能够保持通畅,应使其取昏睡体位。

在处理头部外伤的过程中,要注意一些事项:

(1)受伤后只有轻微的头晕头痛,则说明是轻伤,除此之外,如果有瞳孔放大、偏瘫或者抽风的情况出现,要考虑至少是中等以上的脑伤。

(2)发现脑外伤病人出现呕吐频繁、头痛剧烈和神志不清等症状时,决不可大意,应尽快送医院诊治。

(3)受伤后有脑脊液流出,则不宜用纱布、脱脂棉等塞在鼻腔或外耳道内,否则会引起受伤部位的感染。

刹车失灵怎么办?

为防止刹车失灵交通事故的出现,在平时需要注意以下几个方面:

根据路况和车速控制好方向,脱开高速挡,同时迅速轰一脚空油,将高速挡换入低速挡。这样,发动机会产生很大的牵引阻力而使车速迅速降低。在换低速挡的同时,结合使用手刹要掌握松紧程度。如果拉得太紧,就容易使制动盘"抱死",还有可能损坏传动机件而丧失制动能力;如果拉得太慢,便会使制动盘磨损烧蚀而失去制动作用。

利用车的保险杠、车厢等刚性部位与路边的天然障碍物碰撞、

摩擦,达到强行停车脱险的目的,尽可能地减少事故损失。

在上坡时,出现刹车失灵,为保持足够的动力驶上坡顶停车,可适时减入中低挡。如果需要半坡停车,就要拉紧手制动,保持前进低挡位,并及时用石块、垫木等物卡住车轮。如果出现后滑现象,就要注意车尾朝向山坡或安全的一面,并打开大灯和紧急信号灯,这样可以给前后车辆进行提示。

若是在下坡的过程中出现刹车失灵,驾驶员应果断地利用路旁的岩石、大树等天然障碍物,给汽车造成阻力。如果一时找不到可以利用的合适的地形、物体,紧急情况下可将车身的一侧向山边靠拢,通过摩擦来增加阻力,达到降低车速的目的。

车辆在下长坡、陡坡时,不管有无情况都应该踩一下刹车,这样不仅可以检验刹车性能,还能在发现刹车失灵时赢得控制车速的时间,也称为预见性刹车。

汽车爆胎怎么办?

汽车在直路行驶时发生爆胎,一般情况下不容易发生危险,甚至有很多驾车者并不会马上察觉轮胎已经出现爆裂。因为,爆胎后胎内的气体会逐渐漏出,轮胎会慢慢扁平而折叠在一起,而行驶在直线上的轮胎只受车身质量的垂直压力,不会产生太大的变形,汽车还是可以继续前行。

如果发生爆胎,首先要注意的就是方向;其次为制动;第三就是挡位。切忌在爆胎后的第一时间踩刹车,恶性事故"甩尾"等一般是因为这个不恰当的操作而导致的。

如果是前轮爆胎,可以采取以下措施:

一口气读懂自救常识

（1）保持直线行驶。如果是前胎爆裂，车身会逐渐向一侧倾斜，汽车方向会跑偏或摇摆不定，此时驾车者应保持镇静，双手紧握方向盘，尽可能地使汽车保持直线行驶。

（2）调整车头时动作要轻柔。此时要注意的是，在调整车头的方向时，动作要轻柔，不要慌张地反复捶打方向盘，以免汽车出现强烈侧滑甚至调头的情况。

（3）慢慢减速。缓慢减速时，可以采取挂空挡或逐级减挡的方式，将油门踏板松开并反复轻踩刹车，将汽车缓慢停下来。

（4）将警告灯打开。等到情况逐渐稳定后，可将转向灯或驻车警告灯打开，让汽车缓慢靠路边停下。

另外，要注意的是，如果发现有前轮爆胎和车辆跑偏的情况，不要猛踩刹车踏板；迅速将油门松开可能会使车身的重心前移，导致汽车甩尾甚至开始"大回转"。因此，松开油门的动作不要过于猛烈，应尽量轻缓。

如果爆胎的情况发生在弯道或下坡路段，采取直道爆胎的处理方法可能不足以在最短距离内将汽车停下，此时可以采取以下措施：

（1）稳定方向。

（2）轻踩刹车。

（3）收油减挡。

（4）果断地利用障碍物，如路旁的岩石、大树等，给汽车造成一定的阻力。如果一时无法找到合适的地形、物体加以利用，紧急情况下也可以将车身的一侧向山边靠拢摩擦，增加阻力来降低车速。

如果是后轮爆胎,可以采取以下措施:

(1)如果是后胎产生爆裂,汽车尾部会摇摆不定,但是方向不会失控。此时,驾车者应双手紧握方向盘,尽量使汽车保持直线行驶。

(2)反复轻踩刹车踏板,采用收油减挡的方法使汽车逐渐停下。

(3)与前胎爆裂一样,不要猛踩刹车踏板,也不要迅速将油门踏板松开,可以用收油减挡的方法来使汽车逐渐减速最终停下。

两车撞车时如何自救?

很多时候我们无法避免与对面的车辆撞个正着。当发生撞车时,如果撞击方位不在驾驶员一侧或撞击力量没有多大时,驾驶员应用手臂将转向盘支撑住身体向后倾斜,两腿向前蹬直,以维持身体平衡,避免头部撞到前风窗的玻璃上。

根据判断,如果撞击的力量比较大或着撞击部位临近驾驶室时,驾驶员应立即躲离转向盘,同时迅速将两腿抬起。因为一旦车体发生撞击,转向盘和发动机便有可能产生严重的后移,驾驶员能够迅速躲离转向盘,便可避免自身受伤。

如果判断是驾驶室侧面相撞,应尽可能将车头的方向调整,并尽量让车身部分与来物相撞或碰擦,以减小危险的程度。当车辆侧面受到撞击造成侧翻时,驾驶员可双手紧抓转向盘,双脚钩住踏板,尽量让身体固定住,以免随车体翻转。如果车辆向深沟中滚翻,应尽量将身体朝下躲缩,并抓住转向盘管柱或踏板以稳住身体,以免被甩出车外。

一般情况下，两车普通的撞击不会引起火灾，但如果撞击情况严重，就会引发爆胎或发生火灾，此时应迅速脱离火区并采取恰当的灭火措施。如果油箱已经燃烧，又实在无法扑灭时，应迅速远离危险区，尽量躲避到爆炸物不能飞进的死角，以免造成伤亡。

断指(肢)与骨折怎么办？

遇到断指(肢)或骨折时，应当机立断，采取各种相应措施及时进行处理，否则，一旦延误伤情，不但会加重伤者痛苦，还有可能留下后遗症，造成不可挽回的损失。

发生断指(肢)后，除做必要的处理外，还要注意妥善保存好断指(肢)，以便日后进行再植。具体方法是：用清洁纱布将断指(肢)包好后，放入塑料袋中，在保存的过程中，注意不要用水冲洗断指(肢)，也不要用各种溶液进行浸泡。对于骨折的伤员，不要进行现场复位，可以将伤肢固定后再送往医院。

上肢肱骨骨折的固定：可在骨折部位的外侧放置一块夹板，并在中间垫上棉花或毛巾，再用绷带或三角巾进行固定。也可在上臂内外两侧放置夹板(或木板、竹片、硬纸夹等)，并用绷带或布带对其缠绕固定，然后把前臂屈曲固定于胸前。

前臂骨折的固定：找一块与前臂长度相当的夹板，夹住受伤的前臂，再用绷带或布带对肘关节至手掌处进行缠绕固定，最后将前臂用三角巾吊在胸前。

股骨骨折的固定：取与腋窝至足跟长度相当的夹板，以及与伤员的腹股沟至足跟长度相当的另一块夹板。把长夹板放在上肢外侧腋窝下，并和下肢平行，把短夹板放在两腿之间，用棉花或毛巾

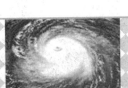

将肢体垫好,并用三角巾或绷带分段扎牢固定。

小腿骨折的固定:取长度相当于从大腿中部到足跟长度的两块夹板,分别放在受伤的小腿内外两侧,用棉花或毛巾垫好,最后用三角巾或绷带分段固定。

脊椎骨折的固定:当出现这种情况时一般伤情较重,必须在转送前妥善固定。取一块平肩宽长木板垫在背后,左右腋下各放一段稍低于身厚的木板,分别在小腿膝部、臀部、腹部、胸部,用宽带进行固定。颈椎骨折者应在头部两侧放沙袋固定头部,使其不能左右摆动。

肋骨骨折怎么办？

在胸部伤中肋骨骨折大约占 61%~90%。不同的外界暴力作用所造成的肋骨骨折也不同:作用于胸部的直接暴力所引起的肋骨骨折,断端会向内移位,还可能会刺破肋间血管、胸膜和肺,引起血胸或气胸;间接暴力如胸部遭受来自前后的挤压,骨折一般发生在肋骨中段,这时断端会向外移位,并会刺伤胸壁软组织,引起胸壁血肿。

对于闭合行的单处肋骨骨折,一般情况下不需特殊治疗便可自行愈合,在进行现场救治时,可以用三角巾或布带将患侧的肢体部位悬吊于胸前,以便使同侧的肢体保护受伤的胸壁。在送往医院的过程中,应让伤者保持坐位,此外,不要随便让伤者服用止痛药,否则会掩盖伤情。

对于伴有血气胸的复杂性肋骨骨折,前期可以迅速用手掌或大于伤口边缘 5 厘米的不透气敷料将伤口封住。如果伤者出现严重的呼吸困难,可以用粘性胶布把不透气的柔软敷料进行固定,并将上、左、右3边封住,只留空向下的一边,以便排气。随后将用毛巾或衣服做成的软垫放于胸部与伤侧的手臂之间,并用布带将手臂托住,悬吊于胸前。此时,手臂应将棉垫压紧,然后让伤者取半卧姿势,并用合适的物品来支撑背部,让身体的伤侧朝下,同时呼叫救护车送往医院救治。

当肋骨骨折时,也可以采取以下措施进行救治:

(1)把受伤一侧的前臂斜放于胸前,手指贴着对侧锁骨,肘部角度 30°~45°。

(2)将三角巾全幅张开,盖着前臂及手背,带尖则伸向肘后。

(3)将带尾置于未受伤一侧的肩上,前臂仍然要保持原来的位置。同时,将带尖及底折入前臂中,并把三角巾的下段绕过背后至未受伤的一侧肩部前面。此时,要小心将悬带放于合适的高度,然后把三角巾的上下两端在未受伤一侧的锁骨上的凹陷处打结,检查腕动脉搏动,以得知供血是否正常。

车祸中手外伤怎么办?

被重物压伤或者被硬物打伤,皮肤一般情况下不会破,但会出现皮下青或血肿,此时需要用冷毛巾或冷水袋外敷半小时左右,这样可以防止血肿增大、缓解疼痛。如果是手指甲下方出现血肿,可以将回形针烧红后,垂直于指甲血肿上穿破成小洞,这样积血就会从洞中冒出,然后贴上一层护伤胶布,能够起到止痛作用且可以保护指甲不脱落。

如果是被锐器刺伤,首先就要看是否有刺入物,一旦发现有刺

入物,就要及时将其挑出。具体做法是:双手将伤处捏紧,用火烧过或酒精消毒过的针将皮肤拨开,挑出刺入物。如果是刀伤,就会导致出血甚至手部完全断裂,这时要按外伤做紧急处理。如果出血比较多,就要先用力压迫手腕两侧的桡动脉和尺动脉,以减少出血,然后再进行包扎。在进行包扎的过程中,要稍微用力以达到止血目的,也就是要加压包扎。

汽车落水如何避险逃生?

车辆在行驶的过程中如果不幸落入水中,不要惊慌失措,更不要胡乱开窗、开门逃命,这样做不仅徒劳无功,甚至还会导致溺水死亡。

在坠落的过程中,应将嘴唇紧闭,咬紧牙齿,以防咬伤舌头。一旦落水,双手应迅速抓紧扶手或椅背,尽量让身体紧贴着靠背,随着车体翻滚,这样可以避免汽车在翻滚入水之前,车内人员被撞击昏迷,以致入水后,无法自救而死亡。

车刚入水时不会马上沉下去,此时尽量让头脑保持冷静,趁车内尚未完全进水,迅速判断水面的方向。一般情况下,有亮度的方向为水面方向,这时可以迅速摇开车窗,从车窗向水面方向逃生。

如果车内电路还能正常工作,应当立即将车火熄灭,然后打开车门出去。

如果车内快速进水,车辆迅速下沉,这时压强较大,已经无法打开车门,可以借助锤子之类的东西打开车门或车窗。因此,司机平时可以在车内准备锤子之类的器械,以备不时之需。

从车内向外逃生时,要进行几次深呼吸,做好憋气潜水的准

备,从容地等待水将车厢和驾驶室灌满。当车内和车外水压基本相等或驾驶室里的水将要淹没头顶时再深吸一口气,然后破窗或推开车门潜游出去。

汽车蓄电池在途中被损坏怎么办?

如果汽车的蓄电池在很少有过往车辆行驶的荒郊野外中突然被损坏,则是一件非常头痛的事情。那么,在蓄电池被损坏的情况下,我们应该怎么办呢?

(1)蓄电池断路。蓄电池断路分为内断路和外断路,如果是内断路,则可以用试火的方式查找出故障出在哪一格。从正极桩柱上引一根导线,逐一单格向后进行试火,有火无火之间为断路处,用足够粗的导线跨过断路的单格即可发动车辆。当用起动机时,会受到一定的影响,但摇车一定能起动。如果是外部断路,用眼就能看出断在那一格,其解决方法是一样的。

(2)蓄电池桩头断掉。如果蓄电池的某一桩头从胶木壳上面平齐断掉(或低于胶木壳上平面),可以将该单格跨过去不用。以6单格12伏蓄电池为例,如果负极柱断掉(现代汽车都为负极搭铁),此时可以将搭铁线移到同一单格的另一桩柱上,紧固好后发动机照样能起动。如果用起动机比较困难时,可以用搭铁线接在断下的桩头上,接着一人用力压紧在断桩上(这样原电压、容量不变)。等到发动机起动后,可以用一根导线先将搭铁线接在断桩头那一格的另一桩柱上,这样就可以保证车辆的正常用电以及向蓄电池充电,然后可以松手理顺加固电线。

(3)蓄电池外壳破裂。由于蓄电池固定不牢等原因,可能会造

成蓄电池外壳破裂的情况。如果发现比较及时，首先就要进行堵漏。可以将蓄电池倒向不漏的一侧，擦干外漏的电解液，在蓄电池盖处挖些沥青，在排气管上烘热后补漏。如果是长条状的裂缝，应用钢锯开 V 型槽后再补。如果电解液出现漏光的情况，待补好后可以加注普通水，静止 20 分钟后摇车发动汽车。

（4）使用两只 6 伏蓄电池的汽车，如果其中的一只确实出现严重损坏且没有办法修复时，可以直接用 6 伏的蓄电池发动车辆。方法是：搭铁线接 6 伏蓄电池的搭铁接柱，从正极单独引一根线，直接接到点火线圈上，将点火开关通往点火线圈的线取消，以达到减小电阻、提高点火线圈初级电压的目的。其他线路不变，摇车时可以发动。

如果是柴油汽车在途中蓄电池遭到损坏，摇车摇不动，电压低或容重小而起动不了，则可以采取以下措施：

（1）求助于过往车辆拖车发动。

（2）利用坡道发动：上坡用倒档，下坡用前进档。

（3）平路上制造人为坡道，溜坡起动。方法是挂上适当档位，拉紧手制动，用千斤顶交替升高左右后轮，在后轮下垫石块或硬土块，这样可以使两后轮升高，然后松手制动，踏下离合器滑行起动。但是利用溜坡起动的方法不是很安全，因此不要轻易采用。

如何在火车事故中逃生？

一般来说，火车相撞的概率很小，如果不幸遇到火车失事，往往只有几秒钟的反应时间。

当火车失事时，可以采取以下方法进行自救：

（1）趴下来，尽可能地抓住比较牢固的物体，以防被抛出车厢。

（2）低下头，让下巴紧紧贴住胸前，防止头部受到撞击。

（3）如果座位不在门窗附近，应留在原座，保持不动；如果座位接近门窗，就应尽快离开，火车碰撞时必须紧抓牢固的物体。

（4）火车出轨向前行进时，不要尝试跳车，否则身体会以全部冲力撞向路轨，还有可能遇到其他危险。

（5）经过剧烈颠簸、碰撞后，火车静止不动则说明火车已经停下，这时应迅速活动一下自己的肢体，如果出现受伤的地方要及时进行自救。一般情况下，紧靠机车的几节车厢出轨、相撞、翻车的可能性比较大，而相比之下后几节车厢的危险性要小得多。车厢连接处是最危险的地方，因此不宜停留。

当火车停下来后，不要贸然停在原地进行观察，因为很可能会发生车厢起火爆炸的情况；可将装在紧急物体箱内的锤子拿出，打破窗户爬出去或采取各种方式逃离车厢。如果路轨通电流，除非乘务员告知已经截断了电源，否则不要走出火车。

离开火车后，应及时通知救援人员。一般情况下，附近都会有一组信号灯，灯下有电话，可用来通知信号控制室。

汽车发生失火时怎么办？

近年来，汽车火灾事故时有发生，也带给人们许多深刻的教训。当遇到汽车火灾时，可以采取以下方法进行自救和逃生：

（1）如果在行车途中汽车突然起火，应立即熄火、切断油和电源，将点火开关关闭后，立即设法离开车体。如果车辆因碰撞而变形，导致车门无法打开时，可从前后挡风玻璃或车窗处脱身。

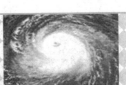

（2）当汽车发动机发生火灾时，应及时切断电源，打开随车灭火器，对准着火部位的火焰正面猛喷，扑灭火焰。

（3）汽车车厢货物发生火灾时，应迅速将汽车驶离人员集中场所，在无人处停下，并迅速向消防队报警；同时及时取下随车灭火器进行扑救，当火一时扑灭不了时，应尽快将周围的人员散开，以免发生爆炸伤人。

（4）当汽车在加油过程中发生火灾时，应马上停止加油，迅速将车开出加油站（库），用随车灭火器或加油站的灭火器等将油箱上的火焰扑灭。如果发现地面有流散的燃料，应及时用库区灭火器或沙土将地面的火焰扑灭。

（5）当汽车被撞后发生火灾时，由于车子被撞导致车辆零部件损坏，原则上是先救人后救车。假如车门没有损坏，应打开车门迅速逃出，以上两种方法也可同时进行。同时还可利用扩张器、切割器、千斤顶、消防斧等工具配合消防队员救人灭火。

（6）当衣服着火时，如果时间允许，可以迅速将衣服脱下，并用脚将衣服的火踩灭；如果来不及脱衣服，乘客之间可以用衣物进行拍打或用衣物覆盖火势，采取就地打滚的方式来滚灭衣服上的火焰。

地铁里着火如何自救？

地铁客流量大，人员集中，一旦发生火灾，很容易造成群死群伤。当地铁着火时，应采取以下方法进行自救：

（1）及时报警，可以用自己的手机拨打119，也可以按动地铁列车车厢内的紧急报警按钮进行报警。在两节车厢的连接处，都贴有

一口气读懂自救常识

红底黄字的"报警开关"标志,箭头所指向的位置便是紧急报警按钮所在的位置,只需将紧急报警按钮向上扳动即可通知地铁列车人员前来进行处理。

(2)每节车厢两个内侧车门的中间座位之下,贴有红色"灭火器"标志的为干粉灭火器,可旋转拉手90^0,开门取出灭火器,将保险销拉出,瞄准火源,将灭火器手柄压下,尽量将火扑灭在萌芽状态。

(3)如果火势仍继续蔓延且扩张趋势明显,应进行有序安全逃生,将老、弱、妇、幼先行疏散至安全的车厢。及时将车厢门关闭,防止火势蔓延以赢取逃生时间。

(4)当列车行驶至车站时,在车站工作人员的指挥下,沿着正确逃生方向进行疏散。如果火灾导致停电,则可以按照应急灯的指示标志进行有序地逃生,在逃生的过程中要注意背离火源。

(5)如果列车在着火的过程中无法在隧道内正常运行,就要密切留意列车上的广播,切莫慌乱,保持沉着冷静,在司机的指引下,紧张有序地通过车头或车尾疏散门进入隧道,往临近车站撤离,严禁进入另一条隧道(地铁是双隧道)。

乘坐地铁时,不慎掉下站台怎么办?

地铁作为一种先进的交通工具而受到现代人的青睐。在拥有发达地铁线网的大型城市中,1/2以上的市民出行会依赖轨道交通。然而,地铁相对封闭的空间、密集的人流,也给地铁的救险增加了很大的难度。

在等地铁时,应站在黄色安全线以内,以免发生坠落或者被人

挤下站台等意外。一旦意外坠落，不要往站台上攀爬或者采取其他自救动作，以免触电。应赶紧大声呼救，工作人员将采取措施停止向接触轨提供电力并及时救助。

如果乘客坠落后看到有列车驶来，千万不能就地趴在两条铁轨之间的凹槽里，因为地铁和枕木之间没有足够的空间使人容身。最有效的方法是立即紧贴里侧墙壁，因为带电的接触轨通常在靠近站台的一侧，并注意使身体尽量紧贴墙壁，以免列车刮到身体或衣物。当列车停车后，由地铁工作人员进行救助。

如果是物品掉到站台下，不要跳下站台捡拾，应由工作人员用专用的绝缘钩子捡拾。

地铁突然停电了怎么办？

当地铁站台发生停电时，可能会突然陷入漆黑之中，此时请原地等候，不要走动，更不要惊慌，工作人员将进行广播解释和疏散。地铁突然停电很可能只是该站的照明设备出现了故障，站台随即将启动事故照明灯。

如果列车在隧道中运行时遇到停电，千万不要自作主张地扒门拉门，试图离开列车车厢进入隧道，应该耐心等待救助人员的到来。此时救助人员会悬挂临时梯子，并打开无接触轨一侧的车门，乘客应该听从救助人员的指挥，有序地下到隧道中并按照指定的车站或者方向进行疏散。

如果出现大规模停电，地铁内常备的危机照明系统将保证45分钟到1小时的蓄电池照明，应该抓紧时间迅速沿着就近的疏散向导标志或者在工作人员的指挥下远离车站。

突然遇到地铁停电时,应该注意以下几个方面:

(1)如果突然停电,应耐心等待工作人员将指定的车门打开,并从指定的车门向外逃离。

(2)停电情况一旦发生,除了引路的工作人员,每隔一段路还会有工作人员执灯照明;另外,乘客也可以利用自己的手机等随身物品进行取光。

(3)如果地铁全部停电,列车上还有可维持45分钟到1小时的应急通风;因此,不必担心人多时被关在密闭的地铁车厢里会出现呼吸困难。

(4)列车距离地面有1米多高且地面情况复杂,因此,千万不要直接跳到隧道里,这样容易崴脚并造成局面的混乱。

(5)千万不要乱跑乱窜,站台的容量足够乘客安全有序地撤离。

(6)如果没有其他意外情况的发生,停电时一般不要拉动报警装置。

(7)在隧道内行走要小心脚下,以免摔伤或者被障碍物碰伤。

(8)在疏散的过程中如果受伤,请及时与抢险队员取得联系,等候救治。

如何快速止血?

交通事故中,但凡受伤,总会有不同程度的出血。而血液是维持人体正常生命活动的关键因素,如果失血、少血就会直接导致生命危险。一个人如果失血量比较大,轻者会有头昏、胸闷、心悸等不适,重者会导致血压降低、肌肉抽搐,甚至神志不清,成休克状态,

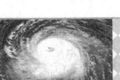

此时如果不迅速采取止血措施，就有危及生命的可能。

最常用、最有效的止血方法便是压迫止血法，适用于头、颈、四肢动脉大血管出血时的临时止血。当负伤流血后，立刻用手指或手掌用力压紧伤口附近，并把血管压紧在骨头上，能很快起到临时止血的效果。

如果是头部前面出血，则可以在耳前对着下颌关节点压迫颞动脉；如果是头部后面出血，则可以压迫枕动脉止血，压迫点在耳后乳突附近的搏动处。

如果是颈部动脉出血，可用手指按在一侧颈根部，向中间的颈椎横突压迫，但不能同时压迫两侧的颈动脉，否则会引起大脑缺氧而导致昏迷。

适用于四肢大出血的一种常用的止血方法是用止血带。用止血带绕肢体绑扎打结固定。

上肢受伤可扎在上臂部 1/3 处，下肢受伤可扎在大腿的中部。如果现场无止血带，也可以用纱布、毛巾、布带等环绕肢体打结代替。在绑扎和绞止血带时，过紧会造成皮肤或神经损伤，过松则起不到止血的作用，因此，应松紧适宜。

如何抢救交通事故中的烧伤受伤者？

在发生交通事故时，容易出现烧伤的情况。这时，如果救治得当，可减轻病人的损伤程度，降低并发症的发生率和死亡率。但是，如果处理不当就会导致烧伤加重，甚至还会贻误抢救时机，给往后的救治工作带来一定的困难。因此，对于烧伤后的一些救治措施，应根据烧伤的程度来采取相应的措施。

交通事故中的烧伤,其症状主要为:皮肤发红、起泡、感觉疼痛。内部组织受损的烧伤可引起呼吸困难、休克、烧伤性疾病等危险。　当发生烧伤事故时,应采取以下措施:

(1)尽快将着火或被沸液浸渍的衣服脱去,特别是化纤衣服,以免使创面加大加深。

(2)用水将火浇灭,或跳入附近水池、河沟内;也可以迅速卧倒,慢慢在地上滚动,压灭火焰;还可以用身边不易燃烧的材料,如毯子、雨衣(非塑料或油布)、大衣、棉被等,迅速覆盖着火处。凝固汽油弹爆炸、油点下落时,应迅速用衣物或隐蔽物体遮住身体裸露部位。

(3)烧伤后及时冷敷,以减轻疼痛、减少渗出和水肿。将烧伤创面在自来水龙头下淋洗或浸入冷水中,还可以用冷(冰)水浸湿毛巾、纱垫等敷于创面。冷敷的时间无明确限制,一般掌握到冷敷停止后不再有剧痛为止,多需 0.5~1 小时。冷疗适用于中小面积的烧伤,特别是四肢的烧伤。

如果是烧伤比较严重的病人,经现场处理后应迅速送至就近的医疗单位进行治疗。若当地没有救治烧伤的经验,要先进行输液,等复苏之后再转院。

如何实行人工呼吸?

当呼吸停止、心脏仍然跳动或刚停止跳动时,可以用人工的方法使空气进出肺部,供给人体组织所需要的氧气,称为人工呼吸法。

当人的呼吸停止 4~6 分钟后,脑组织就有可能发生不易逆转

一口气读懂自救常识

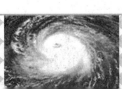

的损伤；当心跳停止 10 分钟后，脑细胞基本死亡。因此，必须争分夺秒对伤员进行抢救。

采用人工呼吸的方法来代替肺的呼吸活动，可及时而有效地使气体有节律地进入和排出肺部，维持通气功能，促使呼吸中枢尽早恢复功能，使处于"假死"状态的伤员尽快脱离缺氧状态，恢复人体自动呼吸。因此，人工呼吸是复苏伤员的一种重要的急救措施。

如果要对伤者进行口对口人工呼吸，应首先让伤员仰面平躺，把头侧向一边，使嘴张开，清除口腔中的假牙、泥土、血块、呕吐物等异物，拉出伤员舌头，保持其呼吸道畅通；然后解开衣领，松开裤带以及紧身衣服，用一只手紧捏病人的鼻子(避免漏气)，并将手掌外缘压在伤员额部，另一只手托在其颈后，使伤员头部充分后仰，鼻孔朝天。抢救者深吸一口气，然后贴紧伤员的嘴，用力将气吹入，同时注意观察伤员的胸部是否出现扩张隆起，这样便可以确定吹气是否有效和适度。当吹气完毕后，迅速将紧贴的嘴移开，放松捏鼻子的手，让伤员的胸廓自行弹回，呼出空气。此时，还应仔细注意伤员胸部复原的情况，倾听呼吸声，观察有无呼吸梗阻的现象。每分钟吹气 16~18 次，如此反复进行，直到伤员自主呼吸正常为止。

如果伤员的牙关处于禁闭状态，无法敲开或口腔严重受伤时，则可以采用口对鼻吹气法：用一只手捂住伤员的嘴巴，抢救者在深吸一口气后，贴紧伤员的鼻孔，用力将气从鼻孔吹入，其他步骤与口对口人工呼吸法相同。

如何进行胸外心脏挤压使心肺复苏？

心脏挤压是采用人工方法帮助心脏跳动，维持血液循环，最后使病人恢复心跳的一种急救技术,适用于触电、溺水、心脏病等引起的心跳骤停。

　　具体方法为:让伤员仰卧地上,头低100,在背部垫上木板,将衣服解开,找到心脏部位,在胸廓正中间有一块狭长的骨头,即胸骨,胸骨下方就是心脏。在抢救病人时,抢救人员应跪在病人的一侧,两手上下重叠,手掌贴于胸骨下 1/3 交界处(即心前区),用冲击动作向下压迫胸骨,使其陷约 3~4 厘米,随即放松(挤压时要慢,放松时要快),让胸部自行弹起,有节奏地进行挤压,每分钟 60~80次,如此反复,直到心跳恢复为止。

　　在挤压时需注意的是,用力不宜过大、过猛,部位要准确,不可过高或过低,否则,容易导致胸骨及肋骨骨折、内脏损伤,或者将食物从胃中挤出,逆流入气管,引起呼吸道梗阻。

　　通常情况下,胸外心脏挤压与口对口呼吸法同时进行,吹气与挤压之比:1 人时,吹 1 口气,挤压 8~10 次;2 人时,吹 1 口气,挤压4~5 次。

　　在施行胸外心脏挤压的同时,还要配合心脏注射急救药物,如肾上腺素、异丙基肾上腺素等。如果病人体弱或是小朋友,则用力要小些,甚至可用单手挤压。

　　如果伤员颈动脉搏动,自发性呼吸恢复,脸色逐渐转红,已散大的瞳孔缩小,则说明挤压有效。

进行心肺复苏时要注意什么问题?

　　给暂时停止呼吸的伤员实施人工呼吸、心脏挤压等心肺复苏手段时,有一些细节性的问题需要施救者特别注意:

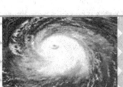

在进行人工呼吸时，需要将伤员的领口、领带、腰带及紧身衣服解开，必要时可用剪刀剪开，而不要强撕强扯。实施人工呼吸前，先清除伤员口腔内的污物，如黏液、血块等；如果伤员舌头后缩，应将舌头拉出口外，以防堵塞喉咙、妨碍呼吸。

口对口呼气的压力要掌握好，开始可略大些，频率也可稍快些，经过 10~20 次人工吹气后逐渐降低压力，只要维持胸部轻度升起即可。

进行胸外心脏挤压抢救时，抢救者必须准确定位，用力要垂直适当，要有节奏地反复进行。避免因用力过猛而造成身体器官的继发性损伤或引起肋骨骨折。

控制好挤压的频率，必要时可加大频率，达到每分钟 100 次左右。在伤员未复苏之前，抢救工作要持续进行，直到送至医院为止。

一般来说，当心脏停止跳动时，呼吸也随即停止。因此，通常在做胸外心脏挤压的同时要进行口对口人工呼吸，以保证氧气的供给充足。一般每吹气 1 次，挤压胸骨 3~4 次；如果现场仅一人抢救，可将 2 种方法交替进行；每吹气 2~3 次，就挤压 10~15 次，也可将频率适当提高一些，以保证抢救效果。

总之，在对伤员实施心肺复苏时，既要小心又要大胆，既要注意方法是否正确，同时还要密切关注伤员的反应。应坚持不懈，直到伤员悠然醒转或医护人员到来为止。

火车着火了怎么办？

当乘坐的火车发生火灾事故时，要保持沉着、冷静，以便进行准确地判断，千万不要以慌乱的心态采取逃生的措施。

一口气读懂自救常识

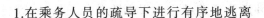

1.在乘务人员的疏导下进行有序地逃离

运行中的乘客列车发生火灾，列车乘务人员在引导被困人员通过各车厢互连通道逃离火场的同时，还应迅速将紧急制动闸扳下，使列车停下来，同时，组织乘客利用列车上灭火器材扑救火灾，还要有秩序地引导被困人员从车厢的前后门疏散到相邻的车厢中去。当车厢内有浓烟弥漫时，应告知被困人员及时采取低姿行走的方式，以便逃离着火现场。

2.利用车厢的窗户逃生

如果列车已经停下，乘客可以通过窗户逃生。列车车厢内的窗户一般是70厘米×60厘米，且装有双层玻璃。窗户一侧的墙上，挂有小铁锤，在发生火灾情况下，被困人员可以用小铁锤将窗户的玻璃砸破，通过窗户来逃离火灾现场。

第二章　水上交通事故

轮船发生事故时，如何弃船自救？

轮船在海上行驶的过程中如果遇到突如其来的海难事故，而竭尽全力进行抢救仍无法使轮船免于灾难，在这种情况下只能弃船逃生。

弃船命令由船长发布，船员及旅客应积极服从指挥，做到忙而不乱、互助互救。

在跳船前，如果没有放下救生船或救生筏的时间，则要走到船

沉没且逆风的一边,并避开螺旋桨。如果螺旋桨仍在转动,就要离开船尾转向船头。

在进行跳船时,要采取正确的跳船姿势:左手紧握右侧救生衣,夹紧并往下拉;右手五指并拢捂住口鼻;双脚并拢伸展,身体保持垂直,头朝上,脚向下起跳。

如果轮船四周的海面上漂浮着燃烧的油火,千万不要惊慌,努力将周围的情况看清,在轮船的上风侧选择适当位置,然后深吸一口气,一只手掩住口鼻,另一只手遮住眼睛及面部,两腿伸直并拢,侧身垂直向下跳入水中。

如果水面有风,入水后应逆风而游,即要向上风方向潜游。如需露出水面换气时,应先将手伸出拨动水面,将火焰拨开,头露出水面后立即掉转头面向下风,深呼吸再下潜入水中,向上风方向游去。保持这种换气、潜游方式,直至游出着火海面。

如果已经跳入水中,还要远离沉船,以免船下沉时卷起的漩涡将你吸进去。

发生海难时如何自救?

发生海难时,一旦人员落水,长时间浸泡在冰冷的海水中,就有可能引起低温症,使中心体温下降到35℃以下,体内各重要器官会出现严重的功能失调,导致心室发生纤颤,这是海难致死的主要原因。

对于冰水浸泡低温症的预防,最主要的办法就是救生设备的合理使用。救生设备主要为飘浮工具,如救生背心或救生船及抗浸服,可以防止身体与冷水直接接触。如果落水,应尽量减少在水中的活动,不要过度惊慌,稳定情绪,想方设法防止或减少体内热气的散失。

当发生海难时,可以采取以下方法进行自救:

(1)穿用抗浸服。各国空军都有自己的抗浸服,因为它有着良好的防水、保暖作用。对于一般的海上遇险者来说,在下水之前如果穿上较厚的衣服,就能使冷水浸泡的生存时间延长,最好能套上防水服。如果水温低于10℃,就必须戴上手套和穿上鞋子,使体热散失量减到最小。

(2)保持安静。落入冷水者应利用救生背心或抓住沉船飘浮物,尽量让自己做到安静地飘浮。这样就可以减轻进入冷水时的不适感。如果既没有救生背心,又抓不到沉船的飘浮物,或者必须马上离开即将沉没的船只以及离海岸或打捞船的距离较近,在这种情况下才可以考虑游泳。否则,即便有相当熟练游泳技术,在冰冷的水中也只能做短距离的游泳,因为,在10℃的水中,体力好的人,可以游1~2千米,而一般人游100米都很困难。

(3)保护头部以及采取一定的姿势减少体热的散失。头部和手的防护是很重要的,入水之后应尽量避免头颈部浸入冷水中,不可将飞行帽或头盔去掉。为了减少水接触的体表面积,要保持几个高度散热的部位,即腋窝、腹股沟和胸部,在水中应取双手在胸前交叉,双腿向腹屈曲的姿势。如果有几个人在一起,可以将胳膊挽起,身体挤靠在一起以保存体热。

此外,海上自救的要领还包括:

(1)要有坚强的意志及克服困难的决心,只有这样才能激发无

穷的智慧,克服重重困难。

(2)迅速发出呼救信号,请求援救。

(3)离船在海水中漂流或乘救生器材漂流要辨别好方向,稳定情绪,迅速远离险船。

(4)不要喝海水,想方设法寻找淡水,以免造成脱水。

(5)寻找食物代用品,海洋中有鱼、龟、海鸟、贝壳、海藻可供食用。

(6)谨防被鲨鱼、海蛇等咬伤。

大风浪来临前应做哪些准备工作?

在大风浪来临之前,应做好及时避风工作。如果因某些原因而来不及避风时,要做好以下准备工作:

(1)保持船舶水密。所有水密门、天窗、舷窗、舱口、通风口、出水口及锚链筒等,应加固或加盖,以保持水密。

(2)保证排水通畅。所有排水机械、管路、阀门及甲板排水门等都应处于良好状态。

(3)将所有活动物件进行固定,如网具、曳纲、锚等,并将舱内舱外的所有物件调整,如吊杆、冰、渔获物及油、水等,以便降低船舶的重心,提高稳定性。

(4)对舵装置及锚设备进行定期检查,确保其处于良好状态。

(5)机舱应确保主机处于良好状态。

(6)及时收听气象预报,注意风情变化。

在海上如果不幸遭遇大风浪,应立即向岸台报告情况,采取移动式锚泊或放夹棕(大缆)漂流措施,保持安全航速,慢车顶风抗

浪。此外,面对大风浪,航行不得轻易调头,避免横浪。

发生翻船事故时如何自救？

如果在海上遭遇翻船事故,不要惊慌,尽量保持头脑冷静,如果水已经进入船内,可以采取以下应急措施:

(1)及时将水排出。在不得已的情况下需要跳水时,要迎着风向,双臂交叠在胸前,双手捂住口鼻,压住救生衣,眼睛向前看,双腿并拢直伸,脚先下水。

(2)不要随便将船上的安全设施移动。

(3)正确使用救生衣,分清前面和后面,前部装有较多的填充物,可使昏迷人员保持面部朝上,避免呛水。

(4)如果是木制船发生翻船事故,不要惊慌,因为木制船一般不会出现沉船的情况,应及时抓住船舷,设法爬到翻扣的船底上。

(5)如果是玻璃纤维增强塑料制成的船只发生翻船事故,要尽量使其保持平衡,不要将船调过来,以免空气跑掉,设法抓住船只,等待救助。

航行途中一旦发生意外,乘客应按照工作人员的指示,穿好救生衣,不要慌张乱跑,以免影响船只的稳定性。

船舶搁浅后应采取哪些应急措施？

船舶发生搁浅事故,一般有以下几种原因:

(1)工作人员责任心不强,麻痹大意,违反操作规定,在浅水区航行时没有及时进行测深。

(2)操作技术水平过低,对航道、水流不够熟悉,甚至航标失常

也没有觉察到。

(3)在大风、雾、雪天气中航行时，没有及时采取相应的措施。

(4)主机、舵发生故障，船舶失去操纵能力。

在航行时一旦遭遇搁浅事故，应立即停船，千万不要乱用车舵，以防船底、车叶及舵受损；如果系吊拖的拖船搁浅，应立即敲钩，令驳船避开拖船自行锚泊；及时通知船长上驾驶台，悬挂搁浅信号；详细探测船舶四周的水深以及河床底质，对舱内量潮的情况进行了解，检查有无渗漏，如有进水情况，宜先堵漏；对搁浅部位进行了解，对船舶周围环境进行判断，研究和找出脱浅出路后再行脱浅，以保证船舶的安全状态，保证船员的安全；先考虑自己脱浅的可能性，若自行脱浅不成功，再求外援；必要时应及时报告单位本船搁浅的时间、地点、脱浅方法及所需的救助措施，如施救拖船功率及卸载的空驳等。

船舶触礁后怎么办？

船舶在海上行驶，难免会有触礁情况的发生，一旦发生这种情况，不要表现得惊慌失措，尽量保持头脑清醒，想法设法采取措施进行自救。

当船舶发生触礁后，应立即组织人员全面检查船体有无破损和漏水情况，船舵有无异状。

如果发现船体漏水，要充分利用全部抽水设备将舱内积水抽出，并用堵漏器材及吋进行抢险堵漏。如果船舶已经进水或者进水情况比较严重，应正确计算本船的剩余浮力，并就近找水性好、水较浅的沙碛地进行搁浅，出缆上岸，防止出浅后大量进水而导致沉

一口气读懂自救常识

120

没，同时还有利于堵漏和施救工作的进行。如果搁礁后遇退水，又一时无法出浅，应着手做好船体的支撑工作，防止船体变形或倾倒。当下行船发生触礁时，要尽快掉头检查或抵岸检查。如果船体搁在礁石上，应将周围的水深以及礁石的情况探测清楚，切莫盲目倒船。

船队中的驳船或拖轮发生触礁时，如果其中一船触漏进水而导致船体倾斜，应立即加强破损船与相绑船之间的系缆，避免因船体严重倾斜导致系缆折断而使破损船沉没。当确实无挽救的可能时，应迅速对破损船的船员进行疏散，并解除破损船的全部系缆，避免破损船沉没时造成相绑船更大损失。

客船发生火灾时怎么办？

如果客船发生火灾，盲目地跟着已失去控制的人乱跑乱撞是不可取的，一味等待他人前来救援也只会延误逃生的时间，最积极、有效地办法就是赶快自救或互救逃生。

那么，如何进行自救逃生呢？

（1）利用客船内部的设施进行逃生。

（2）利用内梯道、外梯道和舷梯进行逃生。

（3）利用逃生孔进行逃生。

（4）利用救生艇和其他救生器材进行逃生。

（5）利用缆绳进行逃生。

如果客船在航行的过程中机舱起火，机舱人员可以利用尾舱通向甲板的出入孔逃生。船上的工作人员应引导船上乘客迅速向客船的前部、尾部和露天板方向疏散，关键时刻可以穿上救生衣跳

进水中逃生，也可利用救生绳以及救生梯向水中或前来救援的船只逃生。如果火势迅速蔓延，已封住走道，来不及逃生，可以将房门关闭，不让烟气、火焰侵入。如果情况危机，也可跳入水中逃生。

如果是客船前部的某一楼层着火，而火势还未延烧到机舱时，应采取紧急靠岸或自行搁浅措施，让船体保持相对稳定状态。被火围困的人员应迅速往主甲板、露天甲板方向进行疏散，然后利用救生器材进行逃生。

如果是客船上某一客舱着火时，舱内人员在逃出后应随手将舱门关上，防止火势迅速蔓延开来，并对相邻客舱内的旅客及时进行疏散。如果火势已经窜出房间封住内走道时，相邻房间的旅客应关闭靠内走廊的房门，从通向左右船舷的舱门逃生。

如果大火将直通露天的梯道封锁，导致火层以上的楼层人员无法向下疏散时，被困人员可以疏散到顶层，然后向下施放绳缆，沿绳缆向下逃生。

总之，客船火灾中的逃生不同于陆地火场上的逃生，具体的逃生方法应视当时的客观条件而定，这样，才能避免和减少不应有的伤亡。

两船发生碰撞后，应采取哪些应急措施？

在航行途中，如果出现两船相碰撞的事故，应立即将船停下，迅速派人检查；如果船破损进水，应立即组织相关人员进行堵漏排水，并将水密隔墙和水密门窗关闭，同时迅速将船驶往浅水区停泊。

如果船舶有沉没的危险时，首先应救护旅客，引导并协助旅客

将救生衣穿好,并井然有序地坐上救生艇,将旅客送至安全地区。

假如两船是在黑夜中发生碰撞,都应将全部照明设备开启,以免船员和旅客在黑暗中摸索造成死亡。在两船发生碰撞以后,如果对方处于危险状态,在保证车船安全的条件之下,想办法做到全力救助,但在此之前,必须了解对方是否需要救助,并经对方同意后才能行动。

如果是轮船与木船发生碰撞,轮船要首先协助木船,保护木船安全靠岸。如果木船中有人不慎落水,应采取一切有效措施营救落水者;如果碰撞后情况比较严重,应立即发出求救信号,以便附近和过往的船舶快速前来救援。

如果船首撞入其他船舷内时,切莫盲目倒船退出,否则对方船舶会迅速进水而沉没,导致事态的严重;应采取慢车顶住,甚至用缆带住,不使两船脱开,待采取紧急措施后,方可离开。

最后,在确定两船无危险后,双方驾驶员应迅速了解对方船名、船长姓名、船籍港以及船舶所属单位,并检查双方的损坏情况,作出记录,由双方船长签字或由其他目击碰撞的船员及旅客签字证明,作为向港务监督部门或上级机关报告的凭证,同时保存好航行日志记录。

水中逃生小腿抽筋怎么办?

小腿抽筋也称"腓肠肌痉挛",主要指脚心和腿肚发生抽筋。抽筋时不但十分疼痛,而且还不能活动,经常在游泳时出现。如果抢救不及时,就会有溺水的危险。

在水中逃生时,如果小腿出现抽筋,切莫慌慌张张,首先深吸

一口气，将头潜入水中，然后像海蜇一样，让背部浮出水面，两手将脚尖抓住，同时用力向自身方向拉。如果一次不行，可以反复尝试几遍，这样肌肉便会慢慢地松弛开来，继而恢复原状。此时如果逞强上岸，结果往往会适得其反，甚至会有溺毙的可能。因此，平时在水中游泳，即便没有出现抽筋的现象，也应反复操练此种自救措施。

在日常生活中，也有发生小腿抽筋的可能，此时，可以快速对手上合谷穴（即手臂虎口、第一掌骨与二掌骨中间陷处）和上嘴唇的人中穴（即上嘴唇正中近上方处）进行掐压；待掐压 20~30 秒钟后，便可缓解疼痛，肌肉也会随之松弛。此种方法的有效率可达90%，如果再配合用热毛巾进行按揉，或者用手按摩，效果会更加明显。

当发生小腿抽筋时，应注意以下几点：

（1）小腿抽筋是在突然进行剧烈运动或脚部受冷时，由于肌肉供血不足而引起的。游泳前睡眠不足或没吃早餐，也有可能成为诱因，因此，应保持足够的睡眠以及充分的营养。

（2）在游泳前要做好预备体操，以免在游泳时突然出现小腿抽筋的现象。

出现晕船时怎么办？

很多人在乘船时会出现晕船的现象，这是因为这些人的内耳前庭和半规管过度敏感，当乘船时，由于直线变速运动、颠簸、摆动或旋转，内耳会受到机械性的刺激，使前庭功能紊乱，从而导致晕船现象的出现。

晕船时主要表现为头晕、恶心、呕吐、面色苍白、出冷汗、精神抑郁、脉搏过缓或过速,严重者会导致血压下降,造成虚脱。这种眩晕,属于周围性眩晕之一,常出现于体质比较虚弱的人群中,其中以女性为多。如果睡眠不足、饮食不当、精神紧张、焦虑、抑郁以及受到噪音、汽油味、腥味等不良刺激,都有可能诱发或使症状加重。还有些人则是因为从来没有乘过船,对船没有适应所致。

要防止晕船情况的出现,平时要加强身体锻炼,保持充足的睡眠,饮食宜清淡易消化,不要过饥或过饱,不要喝酒;另外,保持良好的精神状态。

当出现晕船时,患者最好能平卧休息。如果无法平卧,也可以将头靠在椅背上,闭目休息片刻,最好可以换坐在近窗的位置上,清新的空气有利于减轻症状。口服以下药物对晕船有一定作用:

(1)乘晕宋。每次 25 毫克,如果没有效果,可在 30 分钟后再次服用。

(2)苯海拉明。每次 25 毫克,每日 3 次。

(3)安其敏。每次 25 毫克,每日 1~2 次。另外以上 3 药可任选 1 种服用。

(4)东莨菪碱。每次 0.2~0.5 毫克,必要时每日服 3 次。

(5)灭吐灵。每次 10 毫克,每日 3 次。

(6)维生素 B_6。每次 20 毫克,每日 3 次。

第三章　空中交通事故

飞机突发事故如何应急防护?

每当谈起飞机事故时,人们就觉得一定是机毁人亡。"在天上出了事,想逃也没处逃",这也是很多人存在的想法。

事实上,巡航是飞行中最安全的阶段。在所有的事故当中,只有大约6%发生在这个阶段。大约有35%的事故发生在飞机起飞与爬升阶段,将近60%的事故发生在下降、进近和着陆阶段。那么,如果乘坐飞机时遭遇突发事故,我们该如何应急防护呢?

(1)如果遇到空中减压,应立即将氧气面罩戴上。

(2)如果出现机身颠簸,飞机急剧下降,机舱内出现烟雾,机身外出现黑烟,一直伴随的飞机轰鸣声消失,高空飞行时发出一声巨响,舱内尘土飞扬等情况,则为飞机失事前的预兆。

(3)当舱内出现烟雾时,一定要把头弯到尽可能低的位置,屏住呼吸,用饮料将毛巾或手帕浇湿并捂住口鼻后再进行呼吸,弯腰或爬行到出口处。

(4)若飞机在海洋上空失事,要立即穿上救生衣。

(5)在飞机撞地轰响瞬间,要飞速解开安全带,朝着外面有亮光的出口全力逃跑。

此外,我们还应尽可能地多了解一些乘机的安全常识。比如,在登机后,将自己的座位与出口之间隔着的几排座位数一数,这样,即便机舱内烟雾弥漫,也可以迅速摸到椅背找到出口。阅读一下前排椅背上的安全须知,即使已经倒背如流,再多看一眼也没有坏处。一旦飞机出现紧急情况,切莫惊慌失措,要信任机上的工作人员,服从命令听从指挥,积极配合撤离工作。

发生坠机事故时如何自救？

当发生坠机事故时，可以采取以下方法进行自救：

（1）与家人坐在一起。如果与家人一起旅行，应该坚持不让航空公司分开你们，因为如果你们坐在机舱里的不同地方，在逃生前，就会总想着先团聚之后再逃生，而这样的做法恰恰是很危险的。

（2）学会解安全带。当你要将安全带解开时，首先就会想到解开汽车上安全带的方法，你会直接去按按钮，但是在飞机上，你首先需要将插销打开；如果不能将安全带解开，逃生的机会往往很渺茫。

（3）距离逃生口近。乘客在逃生时，要走的平均距离约为 7 排座位，因此，你不妨选择在这个范围内坐下。另外，你还要将距离最近的两个逃生口有多少排座位数一下，以便在黑暗或者其他意外事故中及时找到出口。

（4）背朝飞行方向。如果飞机的座位朝后，乘客就会更加安全。

（5）随身带防烟头罩。如果你能成功从机舱中逃生，接下来要面对的就是大火和烟雾，此时，防烟头罩就起着关键的作用，但是要将这样的用具带上，就需要学会如何使用，否则会为戴上它而浪费时间。

（6）听乘务员讲解。登机后要认真听取乘务员的讲解，阅读安全条例。在出现坠机之前，依照乘务员的指示采取一些防冲击的姿势：小腿尽量向后收，超过膝盖垂线以内；头部向前倾，尽量贴近膝盖，这样做能够减少被撞昏的风险。

一口气读懂自救常识

飞机迫降时怎么办？

在飞机起飞或降落的过程中，时常有意外情况发生。比如，在起飞时，起落架没有收起；在飞行中，发动机突然停止工作；在降落时，突然偏离跑道等，又或者飞机在高空飞行的过程中突然发生爆炸、坠毁，导致飞机失事等。

如果遇到以上情况，可以采取以下应急措施：

（1）当飞机可能要迫降时，可将一些小件物品放入行李箱内或交给乘务员保管，同时将安全带系好，扶直椅背，将小桌板、脚蹬及坐椅上的录像装置收起。

（2）当飞机迫降时，可以将两脚分开且用力蹬地，手臂交叉抓住前方椅背，收紧下颚，把头放在两臂之间，或收紧下颚，双手交叉放在脑后，低头俯身。

（3）所有的飞机在客舱的前部、中部以及后部都有紧急出口。如果情况危急，客舱内所有的红色出口指示灯和白色通道指示灯就会自动亮起。此时，乘客应放弃随身携带的物品，在机组人员的指导下，按照指示灯的指引从距离自己位置最近的出口进行撤离。

航空性中耳炎怎么办？

很多人在乘坐飞机时，尤其是当飞机起飞或降落时，两耳会感觉一阵发闷、疼痛，仿佛鼓膜被穿破的感觉，或者听到的声音变小以及出现头晕等症状，这些情况实际上就是发生了航空性中耳炎。

当飞机起飞后，旅客可以通过不断地吞咽动作或咀嚼口香糖的方式来防止航空性中耳炎情况的发生。如果此种方法没有效果，旅客仍然感觉两耳发闷、疼痛,甚至在下机之后仍没有缓解,就说明咽鼓管的功能有异常,须及时到五官科医院检查治疗;如果旅客随身携带着"鼻通"、"麻黄素滴鼻液"等滴鼻药水,可以将其滴入鼻孔中,并向后仰头,好让药液流近咽鼓管,如果听到"咔嗒"声响,就说明咽鼓管已经恢复正常,一切症状也将很快消失。

当航空性中耳炎时,也可以用1%~2%麻黄素或1%快麻液滴入鼻内,使耳咽管管口的黏膜血管收缩;还可以作捏界闭口吹张(鼓腮),或嚼糖果,或喝些饮料,使耳咽管口短暂地开启,使中耳腔内的压力与外界气压保持相对平衡,从而防止航空性中耳炎的发生。出现航空性中耳炎的患者不要惊慌,应保持冷静,待飞机着地后及时去医院进行诊治。

野外旅游篇

第一章　野外遇险急救

发生骨折或扭伤时怎样急救？

在野外生存,经常会出现滑倒或摔伤的情况,此时很容易发生骨折、脱臼或扭伤。

当发生骨折或扭伤时,应立即停止一切活动,让自己坐下或躺下来休息,而不要勉强走动,以免伤口恶化。同时,可以用被褥或衣物、背包等将足部垫高,这样有利于静脉血液的回流,起到减轻肿胀和疼痛的效果。然后可以用河水、冰、雪等将患部冷却,这样就可以减少出血或渗出,从而减轻肿胀和疼痛。注意千万不能按摩伤口,否则会引起毛细血管的收缩。

在冷敷的同时或者冷敷过后,可以用绷带、三角巾等布料对踝关节周围进行包扎;也可以用数条宽胶布从足底向踝关节及足背部粘贴、固定踝关节,以减少活动量。在进行包扎或用胶布粘贴时,要使受伤的外踝形成足外翻或受伤的内踝形成足内翻,这样可以达到减轻或避免加重损伤的作用。

如果怀疑发生或已经发生了骨折,可以选两块长约30厘米的木板或硬纸板分别放在受伤部位的内外两侧,并将棉垫、毛巾或衣物等放在受伤部位,然后再用绷带或三角巾等物把两块木板进行固定结扎。

一切处理妥当之后再送往医院,在搬运的过程中要小心谨慎,

一般可采用两人做手椅、两人搀扶、担架搬运、单人背负的方法。如果病人脊椎受伤,一定要放在平坦而坚固的担架上,固定后再送往医院,身体不能弯曲,否则可能会造成脊髓损伤而导致瘫痪。

在野外迷失方向时怎么办?

如果在野外迷失了方向,千万不要惊慌失措,应立即停下脚步,保持冷静,努力回忆走过的路,并试着从地图中找出自己所在的方位,再对前进还是原路返回做决定。一般来说,原路返回比较安全,因为它可以使你回到最肯定的正确位置。

如果无法原路返回,可以采取以下几种简单有效的方法来辨别方向:

(1)利用太阳判断方位。如果是在白天迷失方向,可以用一根标杆(直杆),使其与地面垂直,把一块石子放在标杆影子的顶点处;约10分钟后,当标杆影子的顶点移动到B处时,再放一块石子。将A、B两点连成一条直线,这条直线所指的方向就是东西方向。与AB连线垂直的方向则是南北方向,向太阳的一端是南方。

(2)利用指针式手表对太阳的方法判断方向。将手表水平放置,把时针指示的时间数(24小时制)减半后位置朝向的太阳,表盘上12点时刻度所指的方向就是概略北方。比如时间为16时,则手表8时的刻度指向太阳,12时刻度所指的就是北方。

如果在山地迷失方向,一般可以朝着地势低洼的方向行走,这样容易碰到水源,如果见到河流,顺河而行最为保险,因为道路、居民点常常是滨水临河而筑的。因此,顺河而行在森林中尤为重要。

如果团队在野外迷失方向,大家要靠拢在一起,坐下来进行冷

一口气读懂自救常识

静思考,对目前的情况进行分析,任何人都不要独自离开,否则会与团队失散而失去联络。

外出时最好带上一个睡袋,如果在黑夜或恶劣的天气下被困郊野,尽量寻找最安全的地方,钻进睡袋或备用的胶袋内进行取暖。通常,翌日早晨或天色转晴,在阳光下,一切地势都尽收眼底,那时寻找下山的出路也比较安全。

在野外中暑了怎么办?

当喜欢户外运动的人到达山野时,往往奔放追逐,以致长时间曝晒于烈日之下,体内的热温不能得到充分地散发,从而导致体温升高,脑内部的体温调节中枢连受破坏而停止活动,这就是中暑。

处于高温环境中,如果出现头晕、眼花、耳鸣、恶心、胸闷、心悸、无力、口渴、大汗、注意力不集中、四肢发麻,体温没有超过37.5℃的情况时,便是中暑前的征兆。如果没有及时采取措施或者没有及时离开高温现场等,就会导致中暑的发生。

如果出现面色潮红或苍白、恶心、呕吐、气短、大汗、皮肤热或湿冷、脉搏细弱、心率增快以及体温超过38℃的情况,则为轻度中暑的表现;如果伴有昏厥、昏迷、痉挛或高热症状则为重度中暑。

在野外,如果中暑可以采取以下措施:

(1)将中暑者移至阴凉处,将他的衣服松开或脱掉,让他舒适地躺着,并用东西将头及肩部垫高。

(2)用湿冷的毛巾敷在他的头上,如果有水袋或冰袋则更好。将海绵浸渍酒精,或用冷水将毛巾浸湿,用来擦拭身体,直到皮肤发红为止,尽量扇凉以降低他的体温到正常温度。

（3）每隔 10~15 分钟对体温进行 1 次测量，或检查一下中暑者的脉搏，如果每分钟跳动 110 以下，则表示体温仍可忍受，如果超过 110，应停止使用各种降温的方法。在观察约 10 分钟后，如果体温继续上升，再重新给予降温。

（4）如果中暑者已经恢复知觉，可以给他喝些盐水，但不能喝刺激性的东西，再给他身上盖点东西。

在进行野外活动的时候，最好戴上遮阳帽，且不要长时间曝露在太阳下，以免引起中暑。

被蛇咬伤了怎么办？

在户外参加活动时，经常会经过蛇类栖息的草丛、竹林、溪畔或其他比较阴暗潮湿的地方，如果不慎被蛇咬伤，我们该如何正确地进行处理呢？

首先就要做到保持镇定，再对伤口进行判断。可以从伤情判断是否是毒蛇，如果咬处有牙迹，可以判断为被毒蛇咬伤；如果咬处没有牙痕，并在 20 分钟内没有出现局部疼痛、肿胀、麻木无力等症状，则可以判断为被无毒蛇咬伤，此时，只需对伤口进行清洗、止血和包扎。但要注意的是，一旦被蛇咬伤，不管是毒蛇还是无毒蛇，都要注射破伤风针。

如果伤口出现灼痛、被咬部位肿起，并且肿部逐渐扩散，伤口周围有紫斑、淤斑、起水泡，有浆状血由伤口渗出，发烧、恶心、呕吐等现象，可能会在被咬后 6~48 小时内导致伤者死亡。如果体内的蛇毒引起神经性疼痛、伤口疼痛、局部肿胀、晕晕欲睡、运动失调、眼睑下垂、瞳孔散大、局部无力、吞咽麻痹、甚至呼吸衰竭等情况时，往往比较危险，伤者也有可能在 8~72 小时内死亡。

一旦被毒蛇咬伤，这些症状将在 10~20 分钟后出现，因此，要争取时间及时进行抢救。具体方法为：找一根布带或长鞋带，在伤口靠近心脏上端处扎紧，可以缓解毒素的扩散，每隔 10 分钟左右，放松 2~3 分钟；然后用冷水对伤口表面的蛇毒进行反复冲洗；再对小刀进行消毒，以牙痕为中心，将受伤处的皮肤切成十字形，然后用两手用力挤压，或在伤口上覆盖纱布 4~5 层，用嘴隔纱布用力吸吮（口内不能有伤口），尽量将伤口内的毒液吸出；再由同伴尽快送往医院。

被水蛭叮咬怎么办？

水蛭是一种软体型动物，虽然不会传染疾病，也不立即使人致命，但它吸血多，可以使人的体力衰弱，并且叮咬处往往流血不止，容易发生感染。一般在丛林中水蛭比较多。

陆地上有很多种水蛭，有些生长在潮湿低洼的林中草地之中，有些生长在沼泽、池塘之中，还有些生长在山溪、泉水之中。水蛭在幼虫时期呈白色，因此，人的肉眼往往不容易发现。水蛭的吸血量很大，可吸取相当于它体重 2~10 倍的血液。同时，水蛭在吸血的过程中，会因为唾液的麻醉和抗凝作用，使人渐渐失去知觉，当其饱食离去时，伤口仍会血流不止，很容易造成感染、发炎以及溃烂。

如果被水蛭叮咬，可以用手拍或将肥皂液、盐水、烟油、酒精滴在其前吸盘处，或用燃着的香烟烫，让其自行脱落，然后压迫伤口进行止血，并用碘酒对伤口进行擦拭，以免引起感染。要注意的是，千万不能用手硬拔，因为这样很容易引起伤口感染。

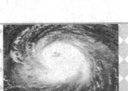

在热带丛林中行走时，为防止被水蛭叮咬，要穿上长裤，可以将袜筒套在裤腿外面，防止水蛭钻附人体；也可以将肥皂、防蚊油涂在鞋面上，这样可以防止水蛭上爬，涂一次的有效时间大约在4~8小时。另外，将大蒜汁涂抹在鞋袜和裤脚处，也能起到驱避水蛭的作用。

如果要宿营，可以选择在湖、河或溪边等干燥、草少的地方。如果选择在潮湿的地方，在晚上应时刻提防水蛭，以免在人睡着的时候爬上来。即使如此，晚上休息时也应经常检查身上有无水蛭叮咬，以便及时去掉。

如果要经过有水蛭的河流、溪沟，应将裤腿扎紧，在上岸后立即检查是否附有水蛭。如果口渴，最好不要喝生水。因为，细小的幼水蛭很难发现，喝进后会在呼吸道、食道、尿道等处寄生。

损伤出血如何及时处理？

在野外，有时会因某些意外而造成身体某部位损伤出血。小的出血无需进行特殊处理便可自行愈合，而严重出血则不同，它往往会危及生命，须及时采用紧急的止血措施。

人体的出血部位包括动脉出血、静脉出血以及毛细血管出血。

如果只是擦破一点皮导致出血，一般不必惊慌，这只是浅层的毛细血管被滑破导致出血而已。此时，可以用手指或一块干净的布块将伤口的出血部位压住，当血不再渗透布块时，再用消毒沙布将伤口缠好，并用绷带固定。

如果血为暗红色且一点一点往外流时，可用绷带扎紧。如果伤口在手上或脚上，应将手脚抬高，有利于止血。

如果是动脉出血,可以先用干净的绵花或纱布将伤口处压紧,然后在伤口靠近心脏的一端用力加压,并立即送医院救治。此时要注意的是,不可结扎过紧、时间过长,以免引起肢端缺血、肢体坏死。在送往医院的途中,可以每隔20~30分钟放松一下。

当外伤出血时,可以采取一些紧急止血法,即在伤口的上方,靠近心脏的一端,用手指将跳动的血管紧紧压住。但这只能起到临时止血的作用,同时还应采取其他方法进行止血。如果是救护人员止血,应准备其他材料,需要注意的是,要将身体各部位的血管出血的压迫点找准。

如果是前臂受伤出血,可以对上臂肱二头肌内侧沟的地方进行施压;如果是手掌和手背出血,可以将腕关节内的桡动脉血管按住;如果是手指出血,可以将伤手的手指根部使劲捏住,便可起到止血的作用。如果是大腿出血,可以将大腿屈起,使肌肉放松,用大拇指将股动脉之压点压住,用力向后压,同时还可以将另一手的拇指重叠,以便增强压力。如果是足部出血,可以用手指紧紧压住踝关节的下侧以及足背跳动的地方,可起到止血的作用。

被冻伤如何救治?

被低温寒冷侵袭所引起的损伤称之为冻伤,可分为局部或全身(冻僵),多因寒冷、潮湿、衣物及鞋带过紧所致,经常发生于皮肤及手、足、指、趾、耳、鼻等处。

一般情况下,冻伤分4度:

一度冻伤最轻,也就是常见的"冻疮",受损主要在表皮层,受冻部位皮肤红肿充血,自觉热、痒、灼痛。如果发现皮肤出现发红、

发白、发凉、发硬等现象，应用手或干燥的绒布摩擦被冻处，这样有助于促进血液循环，起到减轻冻伤的作用；也可用辣椒泡酒涂擦于冻伤处，症状便会在数日之后消失，消失后除有表皮脱落外，一般不会留下瘢痕。

二度冻伤，除有红肿外，还伴有水泡，泡内可为血性液体，深部可出现水肿，剧痛，皮肤也会感觉迟钝。此时可用消毒针将水泡穿刺抽出液体，再涂抹冻疮膏。

三度冻伤，呈现出黑色或紫褐色，痛感觉丧失。冻伤后不易愈合，除遗有瘢痕外，会出现长期过敏或疼痛的感觉，须在保暖的条件下进行治疗。

四度冻伤，皮肤、皮下组织、肌肉甚至骨头，可能会出现坏死状况，伤者甚至会丧失感觉，伤愈后也会有疤痕形成。

如果身体出现冻僵的情况，首先必须让伤者远离寒冷的环境，但也不要立即进入温暖的室内，应先摩擦肢体，进行人工呼吸，这样可以增强心脏功能，起到抗休克、补液的作用。等到伤者的知觉恢复后，再移至温暖的地方进行抢救。

手脚冻僵了怎么办？

在寒冷的冬季进行户外活动，手脚经常会被冻得发僵。当手脚被冻僵时，千万不要放于炉火上烤或者浸泡于热水中，因为这样不仅起不到治疗的效果，反而会导致冻疮的形成，甚至引发溃烂。那么，当手脚被冻僵时，究竟该采取什么样的方法呢？

(1)及时回到温暖的环境中去，这样才能有效地使冻僵部位的温度得到慢慢回升。

(2)如果手脚是在野外被冻僵，应及时用大衣等将手脚包裹起来，还可以互相借助体温使冻僵的手脚暖和过来。

(3)最有效的方法就是用手搓，以摩擦的方式来提高温度，促进手脚的血液循环，以恢复正常。

掉进冰窟窿里怎么办？

在寒冷的冬季滑冰或在冰面上行走时，一旦遭遇冰面破裂的情况，就有掉进冰窟之中的可能。那么，一旦发生这种情况，应当怎么办呢？

(1)保持镇定而不要惊慌失措，同时大声进行呼救，以得到他人相救。

(2)应用脚踩冰，使身体尽可能地上浮，保持头部露出水面。

(3)掉进冰窟窿时，不要乱打乱扑，这样反而会加大冰面的破裂面积。此时，应冷静观察，寻找冰面较厚、裂纹小的地点脱险，身体应尽可能地靠近冰面边缘，双手放于冰面上，双足打水，使身体上浮，全身呈伏卧姿式。双臂向前伸张，增加全身接触冰面的面积，一点一点向前爬行，让身体渐渐远离冰窟。

(4)在离开冰窟口时，切勿马上站立，应卧于冰面上，采取滚动式爬行的方式到岸边后再上岸，以免冰面再次破裂。

(5)如果年龄比较小的青少年发现有人遇险，不可贸然前往救援，应及时呼喊成年人前来相助。在紧急情况下，救人的正确方法是将木棍、绳索等伸给落水者，自己趴在冰面上进行营救，还要避免在营救他人的时候冰面破裂致使自己落水。

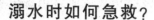

溺水时如何急救？

身在野外，可能会遇到江河湖海，如果在不了解水情的情况下，贸然渡水，则可能会发生溺水的事故。

这时，可以先想办法浮出水面上，保持浮姿，任水冲流；然后根据水波的流向，由水平方向一点一点往岸边移动。

如果是别人溺水，可以用竹竿、树枝、绳索等对溺水者进行拖拉，也可用大木头、塑料桶等能浮在水面的物体作为浮具，然后实施间接救护，当这些办法都不可取时，最好由水性较好的人下水施行直接救护。

在水中施救时，如果河流比较湍急，应尽量拉住溺水者的后衣领（最好拉住溺水者的衣领、裤头、头发、耳朵等受力比较容易的地方），并与流水的方向成一定角度，不让其下沉，让河水把人慢慢冲到岸边。

如果溺水者正在静水中做挣扎时，施救者可以潜入水中，将溺水者的姿势调整为面部朝岸，然后潜进水中推溺水者的屁股或腰部，再浮出水面换气。注意要与落水者保持 1~2 米的距离，不能让他（她）先抓住你，然后再下潜去推他（她）。当然在营救溺水者的同时，也要保护好自己的生命，不可贸然去抓溺水者的手臂等，否则会被溺水者抱住反而使自己下沉。

如果溺水者身材比较高大，且远远高于施救者，此时，应潜入水中将他（她）的腿拉住，让他呛水，待他（她）进入昏迷状态后，再将他（她）拉向岸边。

将溺水者抬出水面后，应立即清除他（她）口、鼻内的水、泥及污物,用纱布(手帕)裹着手指将溺水者舌头拉出口外,并将衣扣、领口解开,使呼吸保持通畅,然后抱起溺水者的腰腹部,使其背朝上、头下垂进行倒水;或者抱起溺水者双腿,将其腹部放在急救者肩上,快步奔跑使积水倒出;或急救者取半跪姿势,将溺水者的腹部放在急救者腿上,让他的头部下垂,并用手平压背部,把水倒出。

如果溺水者被救上岸后神志不清,就要采取一些急救措施或者进行人工呼吸,一般以口对口吹气为最佳。急救者位于溺水者一侧,将溺水者的下颌托起,并捏住他(她)的鼻孔,在深吸一口气后,往他(她)的嘴里缓缓吹气,等到他(她)的胸廓稍有抬起时,便可将其鼻孔放松,并用一手压其胸部以助呼气。如此反复并有节奏地(每分钟吹 16~20 次)进行,直至恢复呼吸为止。

被蜇伤如何处理？

夏秋季节外出野游,如果出现被蜂虫蜇伤的情况,千万不可忽视,应该引起重视,以免引起意想不到的严重后果。

被黄蜂、蝎子、蜈蚣等蜇伤时,伤口会出现红肿、疼痒等现象,并伴有恶心、呕吐、头晕等症状。此时,首先要将毒液挤出,然后用肥皂水、氨水、烟油、醋等涂擦伤口,或将马齿苋捣碎,汁冲服,渣外敷;也可将蜗牛洗净捣碎后,涂抹于伤口处。此外,蒜汁对蜈蚣咬伤有着很好的疗效。由于毒蝎子、毒蜈蚣等的毒性比较大,在遭到袭击后应采用对付蛇伤的方法进行处理。

如果是被蚊子、跳蚤、臭虫等叮咬,或被野蜂、毛毛虫等蜇伤以及被无毒蜈蚣、蚂蟥等咬伤,可以将一些风油精、万金油涂于伤口,也可以将口水、肥皂涂于伤口,这样可以起到消炎、止痒作用。

被野蜂蛰伤后,其毒针会留在皮肤内,使皮肤产生剧痛、眼花、恶心等症状,如果发现野蜂尾部的毒腺及螯针还留在伤口上,应该用小镊子或小钳子将其拔除,而不要直接用手掐。如果身边没有药物,可以用肥皂水清洗患处,之后用醋酸涂擦伤口,可以起到消肿止痛的作用,也可以将野菊花叶或夏枯草捣烂后敷在伤口处。

当皮肤受到毛毛虫身上毒毛的侵害时,会感觉一阵辣、痒、痛,并伴有红肿症状。此时应该小心清除身上的毛毛虫,然后用胶布粘在皮肤上,当揭下时便可以将毒毛去除;还可以采些马齿苋、蒲公英、野菊花等清热解毒的草药,将其捣烂后涂擦或外敷于伤口处。如果全身已经出现皮疹,可服用扑尔敏等抗过敏药。

被水母与海胆刺到怎么办?

在海泳及潜水活动中,要特别留心海胆或水母,以免不小心被刺到,在国外曾经就出现过被水母咬伤导致死亡的案例。另外,除了不要去水母群聚的海域游泳外,台风或大风雨过后也应避免去海边游泳,在潜水时最好穿上长袖长裤的潜水衣。

被水母蛰伤后,会出现刺痛、瘙痒、红疹和水泡等现象,甚至还会发生恶心、呕吐、发烧、畏寒、头痛和肌肉酸痛等症状。应立即用海水、食用醋或稀释的冰醋酸冲洗,千万不要用清水或酒精来处理。

在戏水时,如果不小心被海胆钙化的刺扎到皮肤,就会引起一阵剧痛以及局部红肿,如果没有对其进行适当处理,在2~3个月后可能会产生肉芽肿,因此,应尽量小心地把刺拔除,并及时就医治疗。

一口气读懂自救常识

在海边，如果你喜欢将全身放在沙堆里做沙晒活动或是堆沙堡，也要特别注意，因为，沙滩上常见的钩虫幼虫会透过脚底、臀部及生殖器等部位进入人体，造成"移行性幼虫"疹。钩虫幼虫常见于沙滩、湿地，会通过接触沙滩部位如脚底、臀部、生殖器进入人体，引起阵发性的刺、痒、痛。当移行性幼虫进入皮肤后，会出现红色细长而弯曲的线状疹子，一天移动2厘米，在治疗上则要通过外用或内服药物来杀虫。

在山地遭遇恶劣天气怎么办？

在山地中行走，如果遇到雷雨天气，应尽量避开低洼地，如沟谷、河溪等，以防山洪和塌方。不要躲在高大的树下，应立即到附近稠密的灌木丛去，因为，大树常常会引来落地雷，使人遭遇雷击。在避雷雨时，应将金属之类的物品存放于容易寻找的地方，而不要将其带在身上，同时也可以寻找地势比较低的地方卧倒。

在山地遭遇风雪、浓雾、强风等恶劣天气，应立即停止前进，躲进山崖下或者山洞中，等到天气有所好转时再走。在山地中行走不要高估自己的体力，当疲劳时，就要进行适当地休息，而不要走到快累垮时才休息，那样很难将体力恢复，即使再走也提不起气力来。正确的方法是大步走一段，再放松缓步慢行一段，或停下来休息一会，调整呼吸。站着休息时，不要将装具背包卸掉，若嫌重可以将一根木棍支撑在背包下面，以减轻身体负重。如果天气比较寒冷，不要坐在石头上休息，因为石头导热，使身体的热量更快地流失。

被蜘蛛咬伤怎么办？

有两种毒蜘蛛可以对人类构成威胁，那就是黑寡妇和棕色遁蛛。这两种蜘蛛都喜欢生活在温暖、黑暗干燥、幽静以及苍蝇比较多的地方，例如储藏室、木料堆等。

雌性黑寡妇毒性很强，但一般情况下，被黑寡妇咬伤并不会致命。黑寡妇的腹部有红色的沙漏状图案，这是它的标志性特征。当被黑寡妇咬伤后，伤口犹如一个针孔，因此很难察觉。刚开始，通常只会发现伤口处会出现轻微的肿胀感，并带有黯淡模糊的印记，几小时后，伤口的疼痛就会加剧，且伤口会有变硬的迹象，此外，还会出现发冷、发烧、呕吐以及严重的腹部疼痛。

棕色遁蛛头上有一个小提琴形状的图案，被它咬伤后，伤口会有一阵轻微的刺痛感，继而出现红斑，并且在 8 个小时内出现剧痛现象。伤口处首先会形成一个充满液体的小水泡，水泡消失后会留下一个溃疡。被棕色遁蛛咬伤会出现轻微的发烧、皮疹、呕吐以及情绪低落、无精打采。

被蜘蛛咬伤后，应迅速用肥皂及清水对伤口进行清洗，并将冰凉的敷布敷在伤口处。成人在服用阿司匹林或者醋氨酚后便可缓解症状，但不要给小朋友服用阿司匹林，可以用醋氨酚代替。

在野外游玩时不小心被棕色遁蛛或者黑寡妇咬伤，可以采取以下措施进行处理：

（1）如果伤口是在手臂或腿上，可以将绷带绑在伤口的上方，以防止毒液的蔓延，但绷带不宜绑得太紧，因为太紧会阻碍手臂或大腿的血液循环。

一口气读懂自救常识

(2)将一块冰凉的敷布敷在伤口处,可以使用沾上冰水的布,也可以在布里面加上冰块。

(3)被黑寡妇咬伤的患者,可以使用一些抗毒素的药物;而对于被棕色遁蛛咬伤的患者,则可以使用皮质类固醇来进行治疗。

被红火蚁螫伤怎么办?

红火蚁蚁巢常出现于有阳光的地方,如果蚁巢被人破坏,红火蚁便会倾巢而出袭击人。红火蚁在攻击人类的时候,工蚁会以大颚紧咬着人的皮肤,用其螫针连续针刺7~8次,将毒囊中大量毒液(含蚁酸和毒蛋白)注入人的皮肤。

皮肤一旦被红火蚁螫伤,就会出现红斑、红肿、痛痒、变粗畸形等情况,约4小时后被螫处会形成一些白色的无菌性脓疱,严重的会出现大疱或者大片红肿区,体质好的人一般在10天左右便可复原,通常会留下一些疤痕。如果脓疱破溃,则很容易引起细菌性继发感染。严重者还会出现全身性瘙痒、荨麻疹、头晕、恶心、呕吐、出汗、嗜睡、心悸、低血压、喉头水肿及呼吸麻痹等现象。因个人的体质有所不同,因此发生局部皮肤过敏反应的程度也就不同。

那么,当不幸被红火蚁螫伤时,我们应该怎么办呢?

(1)先将被螫叮的部位予以冰敷处理,然后用肥皂水、10%氨水或5%~10%碳酸氢钠溶液清洗患部。

(2)用含皮质类固醇激素的药膏或止痒药水外搽,如肤轻松、炉甘石洗剂等。

(3)应用抗过敏药,如口服扑尔敏,肌注苯海拉明。

(4)被螫叮后应尽量避免伤口继发感染,避免将脓疱弄破。出

一口气读懂自救常识

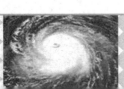

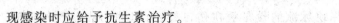

现感染时应给予抗生素治疗。

(5)较严重的病人,可口服强的松或注射地塞米松。出现休克时,要及时进行抗过敏性休克处理。

此外,还可以采取一些民间疗法,方法如下:

(1)赤小豆外用或内服。外用时,用赤小豆100克,捣碎,加3~4个鸡蛋清调匀后用纱布包裹,放于肿痛的局部湿敷30~50分钟,每日2次。内服时,用赤小豆100克,加水2000毫升煮熟,每日分3~4次服用。

(2)鲜马齿苋或鲜夏枯草捣烂敷患处,可以起到较好的消炎止痛作用。

出现高原反应怎么办?

很多人初到高原,都会出现或轻或重的高原反应,为防止出现或减轻这种高原反应的最好办法,就是时刻以良好的心态去面对它,因为大部分高原反应的症状都是由于心理因素造成的。比如,对高原存在恐惧心理及没有战胜高原决心的人,往往出现高原反应的机会就有增加的可能。

如果是初次到高原地区,建议不要快速行走,更不要奔跑,也不要做任何体力劳动;不可暴饮暴食,以免加重消化器官的负担;不要饮酒和吸烟,多吃一些蔬菜和水果等营养丰富的食物;注意适量饮水,及时保暖;洗澡不要过勤,以免受凉感冒导致体力的损耗;不要刚到高原就开始吸氧,要尽量让自身去适应它,否则,就会对其产生依赖性,在高原中可能永远无法离开吸氧了。

在到达高原前,可以先服用一些缓解高原反应的药物,如高原安(至少提前 1~2 天服用,到达高原后继续服用 3~5 天)、诺迪康胶囊(对缓解极度疲劳有着显著的效果)、百服宁(能够控制高原反应所引起的头痛)、西洋参含片、西洋参(对缓解极度疲劳有着显著的效果)、速效救心丸(不可多服)、丹参丸(治疗心血管用)、葡萄糖液等,对抗高原适应能力强的人,高原反应的症状一般会在 1~3 天内消除,适应能力比较弱的人,可能需要 3~7 天后才能消除症状。另外,可以多喝一些酥油茶,对缓解高原反应也有良好的作用。

在冰雪中遇险如何自救?

当在冰雪中遇险时,寒冷与冰冻会对遇险者的生命构成威胁。然而真正的危险并非来自寒冷,也不是冰冻和雪本身,而是自己,自己的惊慌失措和极度疲劳才是最致命的。因此,一旦陷入冰雪的危险环境,必须以现实、勇敢、平静、乐观的心情来排除寒冷所带来的恐惧。

首先,要学会建造可以防风御寒的雪屋。最简单可行的办法,就是在地上摆上一大堆的树枝,然后将雪铺在树枝上并压实,最好在树枝外层放上一层兽皮或帆布,将雪铺好并压实,待 1 小时之后再将树枝拆去,雪屋便大功告成。一般情况下,如果遇上了大风暴而又暂时得不到营救时,可以立即搭成这种简单的避险场所。

其次,要尽快生火取暖。在平地上选择一块空地,整理出来做为生火地点,地点应避开风向,躲开低垂的树枝,以免上面的雪水融化滴落而将火浇灭;此外,还应将点火地点周围的雪清除,准备充足的燃料,以便将火烧到最旺。

在雪屋内适当生火取暖是可取的,但必须防止一氧化碳中毒。

在严寒地带还要特别注意防止冻伤，尽量保持四肢干燥，涂上油脂，比如动物的脂肪，这是最有效的办法。千万不可用雪、酒精、煤油或汽油擦冻伤了的肢体，按摩同样有害。

不要漫无目的地将自己的精力耗尽，或者把自己弄得浑身是汗，因为，你的衣服一旦潮湿，就会在几小时内被冻住。

另外，当口渴时，不要以吃雪来解渴，因为雪吃得越多就会越渴，由于雪水中缺少矿物质，因而即使是烧开了喝，也会引起腹胀或腹泻。但用雪水做菜汤则另当别论。

登山遇险的自救措施有哪些？

在登山的过程当中，有时会因为暴风雨或者野兽受惊而引起乱石、滚石。当发生滚石时，最初只是"叭叭"的冲撞声，慢慢地就会变成巨大的隆隆声。当滚石向下滚动时，开始是左右斜冲跳跃，进入斜槽后，则成直线滚落。这时要保持镇静，仔细观察滚石的方向，并迅速躲到安全地带，如果来不及，可以在滚石即将到达自己跟前时迅速躲开它。

如果不慎发生滑坠，就要冷静地观察滑坠路线上的一切可以利用的地形、植被和灌木丛，同时，立即将身躯倒转，将手中的冰镐使劲地插入地下。如果能够遇到比较坚硬的基岩，可以将冰镐的尖头向下，使下滑的速度减慢，同时选择有利的地形地物，使自己尽快稳定。

无论去哪里爬山，通常应选择在清晨4点钟左右出发，这样可以避免滚石的危险。因为，一般向阳的岩石在太阳的辐射下，在两三个小时之后就会有滚石滑动。沿山坡攀登时，要尽量选择最高的

一口气读懂自救常识

地方走,山脊不易发生滚石,因此,最好能够沿着山脊向前走。

如果是团队一起登山,应尽量将彼此之间的距离缩短,以免不小心将浮石踏翻而伤害自己的同伴。在攀登岩石山坡前,应先对落脚点进行试探,看看是否牢靠。同时,要求全体队员能够做到步调一致,后边的人要踏着前边人的脚印走。无论在什么样的情况下,走在上面的人都不得向下扔石头,在前进的道路中,如果碰到不牢固的浮石或能移动的乱石时,应尽量把它搬到安全地方,如果不能搬移,则绕道而行。

身陷沼泽时怎么办？

无论是在高处还是在低谷,都会存在一些危险的沼泽,一旦掉进去,就有可能丧失生命。因此,为了避免这种情况的出现,学习一些如何通过沼泽的方法是十分必要的。

在沼泽地里前行时,应使头部和立脚点保持稳定后再前进,不要抓着草或把脚放在潮湿的岩石上,如果出现不得已的情况需要抓草时,就一并抓住好几根草的根部,但不要只抓住草的尖端。对于沼泽里的浮石或枯树,绝对不要用手去触碰,以免发生意外。

如果不慎滚落于沼泽之中,不要过度惊慌,如果带有行李袋一类的东西,就紧紧地抱住,此时它可以形成浮袋,使你顺利游往岸边。假如没有,应采取平卧姿势,尽量扩大身体与泥潭接触的面积,再慢慢游动到安全的地带。假如同伴不慎陷入沼泽,可将事先准备好登山用的绳索一端做成环状,再投向同伴便可成功救助。

另外,还可以掌握一些判断沼泽中泥潭的方法:

(1)泥潭一般处于沼泽或潮湿松软泥泞的荒野地带。如果发现

前方有寸草不生的黑色平地，就更要小心。

(2)不要忽视青色的泥炭藓沼泽。有时，泥沼表面满布水苔藓，犹如地毯一般，这是最危险的陷阱。

(3)在无法避免泥潭的情况下，可以沿着树木生长的高地前进，或者踩在石南草丛上，因为树木和石南都长在硬地上。如果不能确定哪条路可以走时，可向前投几块大石试探一下地面是否坚硬；或用力跺脚，假如地面颤动，很可能是泥潭，应绕道而行。

丛林中如何自救？

这里所说的丛林是指完全失去一般生活条件的原始森林。要想在丛林中生存下来，首要问题就是防止疾病，因此，平时我们应该对野生草药做一些基本的了解，以防不测。第二个就是要学会对付各种昆虫的有效办法，因为森林中的很多昆虫都会传播疾病，其中最可怕的要属蚊子。一般应注意以下几个问题：

(1)不应将宿营地设在沼泽；晚上宿营时一定要使用蚊帐；尽量不要脱掉衣服，必要时可以穿上长衣长裤。

(2)如果要在树干上搭床，床至少要距离地面1米，同时不要将鞋子放在地上；必要时可采用森林土著人的一些驱蚊虫的方法，那就是将牛粪和泥浆混合起来并涂在身上，可以起到避蚊的作用；用椰子油或烟草汁涂在身上防止虱子；用面包树叶驱赶苍蝇及臭虫；将柠檬放在潮湿的地方，可以防止蚂蚁的袭击；点燃的香烟可以使那些死死咬住皮肉的虫类松口。

在森林中，食物问题容易解决，许多动植物可以提供大量的水分及营养，但需要掌握的是，哪些动植物可以食用，哪些不可以食

一口气读懂自救常识

用。

沙漠求生要遵循哪些原则？

曾经有一位来自英国的飞行员，迫降在西撒哈拉沙漠后，经过11天的步行，当行程到达224千米时最终获救。他能存活下来的秘诀就在于"夜行晓宿"，这是为什么呢？

专家们认为，能够在沙漠中生存下来，主要取决于3个相互依赖的因素，即周围的温度、人的活动量以及饮水的储存量。

白天，人通过阳光的直接照射，即便不进行任何体力活动，所消耗的水分往往要比阴影处多3倍。如果人能够在晚上活动、白天休息，就能大大地减少身体内水分的消耗。能够将水的消耗降低到最低限度，那么，生存下来的可能性便随之增加了。如果这位飞行员在白天行走，那么他所带的水是绝对不够的。因此，专家们有一句警语："不要与沙漠对着干，而要去适应它。"

在沙漠中求生，就要学会各种找水的方法。如：一般地面比较潮湿，且长有芨芨草、白刺、三角叶杨、梧桐树、柳树、盐香柏、香蒲等植物的四周，都可以找到水源，在这些植物下进行挖掘便可见到水；对野生动物的活动做留心观察（尤其是早晨和晚上），有昆虫、苍蝇、走兽、飞鸟的地方，附近一定有水存在；四面高、中间低的掌心地，或三面高、中间或一面低呈簸箕形的地区，以及群山间的低洼地，也有可能找到水源。

在进入沙漠腹地时千万不要单独行动，要在向导的带领之下，最好将GPS全球定位仪和良好的通讯设备带上。在沙漠里行走时，要在前进过程中留下记号，以便迷路时可以原路返回，或利于救援

人员寻找。

户外遇险，怎样放"求救信号"?

对户外运动者来说，野外生存环境十分恶劣。如果不幸遇险，怎样发放求救信号？通常，重复3次的动作都象征着寻求援助，我们可以采取以下方法进行求救：

1.烟火信号

燃放三堆火焰是国际通行的求救信号，具体做法是将火堆摆成三角形，以每堆之间的间隔相等为最佳，这样做点燃也比较方便；如果燃料不够或者自己伤势严重等原因，点燃一堆火焰也可以。

火堆的燃料在点燃之后要易于且能够快速燃烧，此时白桦树皮就是非常理想的燃料。如果条件允许可以利用汽油，但不能把汽油倾倒于火堆上，而要用一些布料在汽油中浸泡，做灯芯带，然后放在燃料堆上，将汽油罐移至安全地点后再点燃。

2.旗语信号

在木棒上系一面旗子或一块色泽亮艳的布料，持棒运动时，在左侧长划，右侧短划，并加大动作的幅度，做"8"字形运动。

3.烟雾信号

如果是在白天遇险，那么烟雾就是良好的定位器，此时，可以在火堆上添加些绿草、树叶、苔藓和蕨类植物，便可产生浓烟，当浓烟升空后，就会与周围的环境形成强烈的对比，也很容易引起他人的注意。如果是在晚上遇险，那么可以在火堆上放些干柴，将火烧旺，使火升高。此外，黑色烟雾在雪地或者沙漠中最为醒目，而橡胶

和汽油是产生黑烟的最佳选择。

4.声音信号

如果隔得比较近,可以进行大声呼喊或用木棒敲打树干;如果随身带着救生哨作用会更加明显,三声短三声长,再三声短,每隔1分钟之后再重复。

5.反光信号

利用阳光和一个反射镜便可以反射出信号光。只要是明亮的物体都能够加以利用,如罐头盒盖、玻璃、金属铂片等,如果随身带有镜子效果会更加理想（持续的反射将规律性地产生一条长线和一个圆点,这是莫尔斯代码的一种）;注意环视天空,如果有飞机靠近,就快速反射出信号光,这种光线或许会使营救人员目眩。

6.留下信息

如果在户外运动中遇到危险地带,就要迅速离开,但是在离开时要将一些信号物留下,便于让救援人员发现;地面信号物可以使营救者快速了解你此刻的位置或者过去的位置,方向指示标更是有助于他们寻找你的行动踪迹。因此,一旦遇险,就要在路上留下各种指示标,这样,不仅可以让救援人员追寻而至,而且在自己希望返回时,也不致迷路。

发生滑坠时如何自救?

悬崖边踩空,同伴不经意的碰撞,攀援时抓着的树枝突然折断,上下坡时误踩松动的浮石、滚动的断枝或者结冰的岩面等等,都很容易导致滑坠。

野外活动如果是在不熟悉的地区,要尽量将登山活动安排在

一口气读懂自救常识

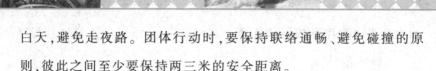

白天,避免走夜路。团体行动时,要保持联络通畅、避免碰撞的原则,彼此之间至少要保持两三米的安全距离。

如果是在陡峭、狭窄且容易打滑的危险地带,要将地貌看清楚之后再落脚。如果需要借助树枝进行攀援,应选择活枝,因为活枝韧性较强,不容易折断。

登山时最好穿比较专业的登山鞋,因为专业登山鞋的鞋底花纹较深,不易打滑。如果山地平缓,行程较短,也可穿一般旅游鞋、运动鞋,但是千万不要穿皮鞋,更不要穿高跟鞋。

失温时怎么办?

失温是指人体内部产生的热量不足以弥补身体所散发的热量,从而导致体温下降。这种情况比较容易出现在出游时间比较短、准备不够充分的情形下。

在很多迷失或者走失的事件当中,迷失者所面临的危险主要有两个,那就是心理和失温。一旦发现自己迷路,很多人都会产生一种恐惧、紧张的心理,甚至会出现过度惊慌失措的情况,继而导致更为严重的后果。迷路后一旦进入黄昏和夜晚,山里的气温便会快速下降,如果没有随身携带睡袋之类的保暖装备,就会直接面临低温的境地,几乎所有的迷失者在获救时都处于失温的临界状态,一般情况下,只要体温下降到35℃以下,就进入了失温状态。失温的症状主要表现为:感觉寒冷、反应迟钝、烦燥、剧烈而无法控制的颤栗、行动无法协调、走路跌撞欲倒、脉搏减缓、头痛、视觉模糊、心跳慢、呼吸细弱,最终导致死亡。

防止体温继续下降,尽量恢复并保持正常体温,是失温救治最为关键的一条。因此，一旦有人出现失温的情况，应立即将其移至温暖的地方，将潮湿的衣服脱掉(不能全脱光，边脱边换)，换上温暖干燥的衣服，并用睡袋裹住身体。

当患者清醒时，可以立即让他喝一杯热水，并且食用一些含糖、高热量的食物。如果患者已经失去知觉，可以将热水袋放在患者腰背部、胃脘窝、后颈、腕部、裆部等处，因为这些部位血流接近体表，可以将热量带入体内。

有些人以为，只要给失温者喝一点酒，便可以达到驱寒的作用。其实，酒精能使体表的血管张开，加快体内热量的散发，因此不但不会增温，反而会加强体温的散失。另外也不要给失温者的四肢和身体做按摩或者进行摩擦，这样只会加速体温的流失。

如果迷了路或者遭遇恶劣的天气，应就近寻找遮风避雨的地方，如果找不到，则可以原地蹲坐和队友们紧紧挤在一起，15~30分钟时内外队友位置更换一下。如果队友在救援到达之前就已经开始出现失温现象，大家可以一起将他围在中间，尽量不要到处乱找路，这样可以方便救援人员的寻找。

单车野外遇险如何自救？

大自然的美丽，是吸引众多汽车族踏上驾游之旅的一个重要原因。有的人喜欢结伴旅行，有的人喜欢单打独斗，但是在旅途中，车子难免会发生意外，因此，如果单车出游，出行前一定要做好充分的准备。

单车出游的危险性要高于结伴出游，因此，出行前一定要保证车况的良好。没有什么比在荒郊野外遇到车坏更沮丧的事了，即便

是在路况良好的道路上，一味地等待救援也会备受煎熬。除此之外，出游时的出游用品也是必不可少的，充足的食品、水、毛毯、急救包、车载电台、GPS、千斤顶、备用油、拖车带等，在关键时刻都起着非常重要的作用。

如果是越野车，则还要准备绞盘、沙铲等必要工具。假如连绞盘、拖车绳、沙铲都不能达到自救的目的，但至少充足的食品和水可以为你赢得一定的时间，因此，不要过分担心在野外山间过夜。山里信号不太好，手机有时会不起作用，此时车里的电台就能派上用场了。国际通用的紧急呼救频率是433.000MHz，任何人都可以用它来进行呼救，而438.500MHZ是无线电爱好者的通联频段。另外，各个俱乐部也都有着自己的通联频率，因此，出游前最好多记几个，这样就可以向多个渠道求救。如果随身携有GPS，便可以马上得到准确的坐标，缩短获救的时间。

另外，还要尽量节省汽油和体力，车载电台的耗电量不小，不要在熄火状态下长时间使用电台，反复启动也会加快燃油的消耗。因此，最好隔一段时间交替启动车辆，这样不仅能够节省燃油，还不会将电瓶的电量耗尽，最好将备用的汽油留到最后关头使用。有了这些准备，虽然不能保证单车出行的零风险，但至少可以将危险发生的概率降低。

恶劣天气时如何选择露营地？

在野外露营时，如果碰到恶劣的天气，就会发生各种各样的危险。此时，万事都要小心谨慎，精心选择好账篷的露营位置。

如果露营地在山脊处，应特别注意风与雷电；如果在山谷处，

应注意雨水;如果在岩壁附近,则应注意落石和雷电。另外,在恶劣天气之下,对是否能够确保安全应做仔细的思考、认真判断;如果帐篷位置大致没有危险,则要对帐篷的安全性检查好,并做好应付恶劣天气的准备措施。

山脊的正面处来风比较多,如果把帐篷设在此处,帐篷就必须承受相应的风势,两座山峰之间的鞍部等位置,往往会形成一股回转强风,很容易将帐篷拔起吹走。因此,应考虑将帐篷移往风势下方的斜面或洼地等风力影响较小的场所。

在山脊上,虽然不至于有浸水的危险,但却是最容易遭受雷电的侵袭的位置。为了防止帐篷或人员直接被雷电击中,最好将帐篷移往其他安全的场所。

如果要在山谷中架设帐篷,首先就要注意溪水暴涨,尤其要注意因为水量剧增而被困在帐篷内无法出来的情况。因此,要谨记帐篷架设的原则,即严禁接近河边或水流附近。即便此处的天气非常好,由于上游下雨,也会造成河水暴涨,甚至冲毁账篷的危险。

如果山谷中没有合适的露营场所,可以对河岸岩石的消蚀状况与颜色之差异、树木与草丛的情形等做仔细地观察,并将水位会涨至哪一带弄清楚。如此,进行充分考察再做决定。

被困野外如何进行藏身?

不管被困在什么样的地方,都应该找到一个既能遮风避雨,又能防寒避暑的临时栖身之所。在夏日选择藏身之所时,应尽量选择通风效果好且背阳之处,但在夜间要注意防风寒和驱蚊虫。在冬天选择藏身之所时,应选择干燥且向阳的地方,而向阳背风的岩石、

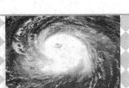

洞穴、树林或矮树丛便是理想的选择之地。如果身在雪地，可以挖掘出一个雪洞来进行藏身。雪洞要深一些，一般在 2~3 米左右，还要戳 1~2 个通气孔；人不能直接坐在洞内的地上，要做一个坐台；人藏在里面只能养神，千万不能睡着，否则会被冻坏；另外，还要用雪将洞口封上，在洞外做出一些能够让人产生疑问或猜想的记号，以引起路人的好奇而达到获救的目的。

第二章 野外自救小技巧

如何应对旅游突发病？

旅游是一项有益于身心健康的活动，但在旅行途中，经常会由于过度疲劳、饮食不当、水土不服等原因，导致一些突发性疾病的发生。疾病较轻者，会影响同伴的兴致；疾病较重者，则有危及健康甚至生命的可能。那么，如何才能应对这些突然发生的疾病呢？

在野外旅游，如果有人晕倒或出现昏厥的现象，千万不能随意搬动患者，应首先对患者的心跳和呼吸进行观察，看其是否正常；如果心跳、呼吸正常，可以轻轻拍打患者并大声呼唤使其清醒；如果患者没有反应，就说明情况比较严重，此时，应让患者的头部偏向一侧并稍微放低，取后仰头姿势，然后采取人工呼吸和心脏按摩的方法来进行救助。

如果出现关节扭伤的情况，切莫立即搓揉按摩，应迅速用冷水或冰块对扭伤处进行冷敷约 15 分钟；然后，可以用手帕或绷带对扭伤部位扎紧，也可以就地取材，用活血、散瘀、消肿的中药进行外敷包扎。

心源性哮喘奔波劳累，很有可能会导致旅游者的心源性哮喘诱发或加重。在这种情况下，应首先让病人采取半卧位，并用布带轮流扎紧患者四肢中的三肢，每隔5分钟1次，这样可以使进入心脏的血流量减少，达到减轻心脏负担的目的。

对于有心绞痛病史的患者，在野外游玩时，应随身携带一些急救药品；当遇到有人发生心绞痛时，不可贸然移动患者，而应迅速给予硝酸甘油让其含在舌下。

胆绞痛患者如果在旅游途中摄入过量的高脂肪和高蛋白食物，则很容易诱发急性胆绞痛；一旦有患者发病，应让其静卧于床，并用热水袋在其右上腹进行热敷，也可以采取用拇指压迫刺激足三里穴位的方法，达到缓解疼痛的目的。

很多人在旅游时由于暴饮暴食而诱发胰腺炎。一旦发病，应禁止患者饮水和饮食，此时，可用拇指或食指按压足三里、合谷等穴位，达到缓解疼痛、减轻病情的目的，并及时将患者送医院救治。

在野外旅游，由于引用一些不干净的水或吃了一些不干净的食物，从而引起各种急性胃肠道疾病的发生。如果出现呕吐、腹泻和剧烈腹痛等症状，可以口服一些痢特灵、黄连素等药物，或将大蒜拍碎服下。

岩石挡路如何攀登？

在山地行走，常常会遇到各种各样的陡壁和岩石坡。因此，登山的主要技能就是攀登岩石。在攀登岩石之前，要对岩石做细致的

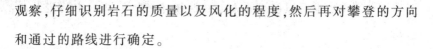

观察,仔细识别岩石的质量以及风化的程度,然后再对攀登的方向和通过的路线进行确定。

"三点固定"法是攀登岩石最基本的方法,要求登山者的手和脚能够相互配合。将两手一脚或者两脚一手进行固定之后,再将其他一点移动,让身体的重心逐步上升。采用此方法时,要避免窜跳和猛进,同时不要将两点一起移动,而且一定要稳、轻、快,并根据自己的实际情况来选择最合适的距离和最稳定的支点,但不要跨大步和抓、蹬过远的点。

在野外遇到草坡和碎石坡怎么办?

山间分布最广泛的一种地形便是草坡和碎石坡。在海拔 3000 米以下的山地,除了悬崖峭壁之外,大部分都是草坡和碎石坡。如果所攀登的山坡在 30° 以下,可以沿着直线往前走,身体稍微向前倾斜,全脚掌着地,两膝弯曲,两脚呈外八字形,迈步不要太大太快。

如果所攀登的山坡大于 30°,沿直线攀登就显得比较困难。因为当山坡大于 30° 时,两脚腕的关节不容易伸展,也很容易造成疲劳;另外,坡度大容易使碎石滚动,同时容易滑倒。因此,当坡度比较大时,一般采取"之"字形前进法,也就是按照"之"字形的路线横上斜进。在攀登的过程中,可以稍微将腿弯曲,上体前倾,内侧脚尖向前,全脚掌着地,外侧脚尖稍向外撇。

在通过草坡时,不要乱抓树木和攀引草蔓,以免将其拔断导致摔倒。在碎石坡上前进时,特别要注意的是,脚一定要踏实,且轻轻抬脚,避免造成碎石滚落。在前进的过程中,如果不小心滑了一下,

一口气读懂自救常识

应立即面向山坡,张开两臂,并将两腿伸直(脚尖翘起),尽量使身体的重心上移,以减低滑行的速度,这样便可以设法在滑行的过程中寻找攀引和支撑物。要注意的是,千万不要面朝外坐,因为那样不仅会使滑行速度变得更快,而且还容易在较陡的斜坡上造成翻滚。

在野外如何获取食物?

食物对于人类的生存起着至关重要的作用。如今,选择野营露宿方式旅游的人越来越多,而在野外往往会遇上一些意想不到危险,因此,掌握一些在野外如何获取食物的知识,会对旅游有所裨益。那么,在野外如何才能获取食物呢?第一种是猎捕野生动物,第二种是采集野生植物。

(1)猎捕野生动物。野鸡喜欢在杂草丛生的地带生活,白天多在地面走动和觅食,夜间喜在树上过夜,防止敌人的袭击;野兔多栖于山地、草原或有树的河谷中,白天不易遇到,多在夜间活动,冬季在山林地带捕捉野兔最容易,雪深时,只要辨识出新鲜足迹,便可以将其捉到;黄羊喜欢在开阔的草原上生活,也进入丘陵和半沙漠地带,繁殖时常进入密林,夏季多在早晨和晚间觅食,中午避到谷地休息,冬季在白天活动。

总之,动物通常是白天睡觉,晚上觅食。因此,打猎的最佳时机是拂晓或黄昏,此时动物大都在水边、草地、山顶和灌木丛的边缘。在海岛礁岩边,可在夜晚抓海鸟,因为鸟类在夜里是不会动的。但应注意的是,不要对珍贵动物进行捕杀,并放弃捕捉看似有病(如行动迟缓)的动物。

（2）采集野生植物。采食野生植物最大的问题就是如何鉴别植物是否有毒。一个最简单的办法，就是将采集到的植物割开一个口子，放进一小撮盐，然后仔细观察这个口子的颜色是否有变化，通常，变色的植物不能食用。

可以食用的野生植物包括野果、野菜、藻类、地衣、蘑菇等，其中可以食用的有2000种左右。常见的可食野果有山葡萄、笃斯、黑瞎子果、茅莓、沙棘、火把果、桃金娘、胡颓子、乌饭树、余甘子等，特别是野栗子、椰子、木瓜更容易识别，是应急求生的上好食物。常见的野菜有蒲公英、苦菜、鱼腥草、荠菜、马齿苋、野苋菜、菱、扫帚菜、芦苇、莲青苔等。野菜可生食、炒食、煮食或通过煮浸食用。

发生野菜中毒时怎么办？

野菜有着较为丰富的营养，且含有人体所需要的微量元素、多种氨基酸、食用纤维等，很多野菜中都含有丰富的胡萝卜素以及多种维生素，可是，并不是所有的野菜都能够食用。如果贸然食用野菜，很有可能导致食物中毒，中毒比较轻的人，往往会出现腹痛、恶心、呕吐等症状，而中毒比较重的人，会出现呼吸急促困难、心力衰竭、意识障碍等症状，甚至可能导致死亡。

因此，在野外食用野菜时，在食用前一定要用清水将野菜进行充分地浸泡，对其进行彻底地清洗，如果采取凉拌的食用方法，必须先用开水烫后再进行食用凉拌。另外，在家中食用野菜，也最好选食那些经过民间百年流传下来，且经过食用证实无毒、健康的野菜，以免导致中毒。

那么，当发生野菜中毒时，我们应该如何处理呢？

（1）催吐。可用手指或其他代用品触及咽喉部，直到中毒者吐出清水为止。

（2）导泻。一般常用的导泻剂有硫酸镁和硫酸钠，可以用量15~30克，再加水200毫升，口服。

（3）洗胃。最简单方便的方法就是用肥皂或浓茶水进行洗胃，也可以用2%的碳酸氢钠洗，此种方法可以同时除去已经进入肠内的毒物，起到洗肠的作用。

对中毒者进行上述处理后，还应该对症下药，服用一些解毒剂。最简便的方法就是，可以吃生鸡蛋清、生牛奶或用大蒜捣汁进行冲服。如果条件允许，可以服用一些通用的解毒剂，如活性碳4份、氧化镁2份、鞣酸2份和水100份，其主要作用是能够对生物碱、重金属和酸类等毒物进行吸附或中和。

脚被磨出水泡怎么办？

喜欢旅游的人大多在经过长途跋涉后出现脚被磨破、长出水泡的现象，甚至每走一步都感觉疼痛难耐。那么，怎样才能防止这种现象的出现，让这种痛苦的感觉彻底远离自己呢？

在出游时，最好穿一双与脚"磨合"惯了的鞋以及穿上吸汗的棉或线袜子。事先在容易磨出水泡的地方贴一块创可贴，如果条件允许，还可以去商店买一瓶防止起泡的喷雾剂，达到减轻摩擦的作用。

如果脚被磨出了水泡，首先就要排出泡内的液体。可以用消毒过的缝衣针在水泡表面刺上几个洞，再将水泡内的液体挤出，然后用酒精、碘酒等消毒药水对创口及周围进行涂抹，最后再用干净的

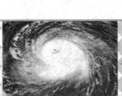

纱布包好。

红眼病怎么防治？

在夏季眼科门诊中，最常见的眼疾就是结膜炎，可分为传染性和非传染性两类。

流行性角结膜炎传染性非常高，很容易在游泳池等公共场所进行散播，是夏季眼科门诊中最常见的眼科疾病，主要通过手、眼接触到公共毛巾以及水中的腺病毒进行传染，被传染者不分男女老少，但小朋友的症状会显得比较严重。而非传染性结膜炎大多起因于游泳池内消毒水的刺激或不干净的溪水、海水等刺激，被传染者的眼睛会出现局部酸涩、红肿及流泪的现象，一般数小时后便可恢复，对视力不会造成严重的影响。

症状初期包括急性眼睛红、易流泪、畏光和不舒服感，症状严重时则会出现眼皮水肿、结膜水肿、结膜下出血、伪膜及前淋巴结肿大等现象，同时角膜由于感染而出现点状白斑。就发病的过程来说，两眼发病的快慢和程度均可不同，急性期约7~14天，在此期间都具有传染力，痊愈后虽不会对视力造成严重影响，但有些人仍会出现长期干涩及异物的症状。因此，一旦症状出现，就应该赶快就医，并保持眼部清洁，多休息、常洗手，养成不用手揉眼睛的好习惯，减少发炎的程度，这样还可以杜绝传染来源。

在游泳时以选择双面镜为佳，因此，在泳镜的选择上，应注意镜框边缘要柔顺、不易刮伤脸部；如果有近视，可戴用度数相当的泳镜；戴隐形眼镜戏水会增加感染的机会，因此尽量不要戴，若非戴不可，则要选择配戴日式隐形眼镜，再外加泳镜；浮潜、深潜则以

单面镜为最佳。对于速度较快的活动,如水上摩托车、冲浪等,为避免撞伤眼部等意外,尽量不要戴泳镜。

海滩游泳非常状况如何应变?

水上活动另一种常见的伤害则是脊髓伤害,统计数字指出,美国约有 10%的脊髓伤害是源于不当的跳水意外,而急性扭伤、擦伤和抽筋也是常见的水中意外。因此,为了避免这些意外的发生,在跳水时要注意安全的水深,至少约 3.74 米,而游泳前的热身运动则可以减少急性扭伤、擦伤和抽筋的发生,水上高手务必做完暖身运动再下水。

如果身体存在肌肉、关节等方面的疾病,除了保持足够的暖身运动外,在游泳的姿势上也要有所选择。比如,膝盖有毛病的人,不要进行蛙式游泳;肩颈有问题的人,不要进行自由式游泳;下背有疼痛问题的人,不要进行蝶式游泳;脚踝有问题的人,不要进行自由式、仰式及蝶式游泳。在游泳时,如果以不同的泳式进行交替,就不会因为过度运动而造成某些部位的运动伤害。

(1)在不清楚湖泊或海边的水域状况时,不要游泳戏水。

(2)当天气状况不稳定时,要避免到海边戏水或从事水上活动。

(3)在游泳池游泳时,不要在池畔追逐或者在水中玩比较激烈的骑马打仗游戏。

(4)玩泳池滑水道时,不要故意以头下脚上或者其他错误的方式进行玩耍。

(5)玩跳板时,应注意附近的游泳者,并于跳板的前端一次跳

167

水,而不要故意由跳板侧面跳下或上上下下乱跳,以免发生意外伤害。

(6)不要在游泳前喝酒,因为酒精会影响大脑的判断能力,从而增加游泳意外的发生机会。

自然灾害篇

第一章　陆地自然灾害

地震的防范与自救措施有哪些？

地震具有突发性，常常使人措手不及。当地震开始时，如果正在屋内，千万不要试图冲出房屋，因为，盲目地冲出去，被砸死的可能性极大，最好是躲在比较坚固的床或桌子底下，如果没有坚实的家具，可以站在门口，因为门框能够起到一定的保护作用。不要站在窗户旁边，一旦玻璃震碎后果不堪设想。

如果在室外，不要靠近楼房、树木、电线杆以及其他任何可能倒塌的建筑物。尽量远离建筑物，跑到空地上去。为了防止地震时身体失去平衡，应躺在地上。如果附近没有空地，可以暂时躲避在门口。

当地震发生时，木制结构的房子容易倾斜而导致房门无法打开，不管出门与否，都要首先将房门打开。搁板上的东西及书架上的书等可能往下掉，此时，保护头部是极其重要的。在紧急情况下，可利用身边的棉坐垫、毛毯、枕头等物盖住头部，以免被砸伤。

地震时，不要在道路上奔跑，因为有可能被飞泻而下的招牌、门窗等物品砸伤。当走进危险的场合时，最好能戴上安全帽之类的东西。如果是在公共场所遇到地震时，要保持镇静，不要乱跑、乱窜，要有秩序的逃生，以免造成拥挤、混乱，要走楼梯，避免使用电

梯。

另外,要防止地震次生灾害。所谓地震次生灾害,主要是指地震后引起的水灾、火灾以及有毒气体蔓延等等。

地震时被埋废墟下如何自救?

地震时如果被埋在废墟下,即使身体不受伤,也有可能被烟尘呛闷而出现窒息的情况。此时,可以用毛巾、衣服或衣袖等将口鼻捂住,以免发生意外事故。另外,还要想办法挣脱手与脚,利用双手以及其他可以活动的部位对压在身上的各种物体进行清除。用砖块和木头等把即将塌落的物体支撑住,尽量扩大自己的"安全空间",以便有足够的呼吸空气。如果环境和体力允许,还要想方设法逃离危险地带,假如发现被埋的周围有较大的空间通道,可以试着从下面爬过去或者仰面蹭过去,朝着有光线和空气的地方移动,并把上衣脱掉,如果皮带有扣子也要解下来,以免中途被阻碍物挂住。

如果是多人被压在废墟下,而周围又很容易产生倒塌时,应该单人,有秩序地进行逃生。如果四周比较稳定,最好以排队的方式一起出来;也可以让先脱险者将一头打了结的绳索或者表面粗糙容易抓住的皮带丢给待脱险者,等脱险者把它系在身上后,再迅速拉他脱险。如果无法脱险自救,应尽量减少气力的消耗,等救援人员来到时,才以呼叫、敲击物件等方法来引起救灾人员的注意。

在被压埋期间,还要想方设法寻找水源和食物。俗话说,饥不择食,此时,求生存才是最重要的。在唐山大地震时,这类例子相当多。例如,一位居民被压埋后,靠饮用床下一盆未倒的洗脚水而生

一口气读懂自救常识

存下来;有个小孩抱着枕头被压在废墟里,当饥饿难忍时,就拿枕头里的高粱花来充饥,一直坚持到获救为止;还有一位中年妇女,当口渴难忍时,竟然饮用自己排出的尿,在坚持十多天后终于得救。

一般情况下,被压在废墟里的人对外面的声音听得比较清楚,而外面的人却很难听见里面发出的声音。因此,一旦被压埋,一定要静卧并保持体力,在听到外面有人时再进行呼救,或敲击管道、墙壁等一切能使外界听到的方法,才能取得良好的效果。

地震后如何互救和救人?

地震后,外界救灾队伍可能不会立即赶到救灾现场,在这种情况下,为使更多被埋压在废墟下的人员成功解救生命,灾区群众应积极投入互救,这才是减轻人员伤亡最及时、最有效的方法,也体现了"救人于危难之中"的崇高美德。

抢救的时间越及时,获救的希望就会越大。据有关资料显示,震后20分钟获救的救活率达98%以上,震后1小时获救的救活率下降到63%,震后2小时还无法获救的人员中,窒息死亡人数占死亡人数的58%。这些人不是在地震中因建筑物垮塌砸死,而是窒息死亡,如果相互之间能够及时救助,是完全可以脱险的。

地震后,将被埋压的人员安全地从废墟中救出来,应根据震后的环境和条件的实际情况,再采取行之有效的施救方法,不要因焦急而盲目出动,反而延误了宝贵的救援时间。

通过仔细了解、搜寻,确定废墟中有人员被埋压后,要先对其被埋压位置进行准确地判断,再用向废墟中喊话或敲击等方法来传递营救的信号,当获得生存的信号后,最后再准备实施营救。在进行营救行动之前,做好计划和步骤,哪里该挖,哪里不该挖,哪里该用锄头,哪里该用棍棒,这些都要有所考虑。

在营救的过程当中,要对被埋压人员的安全特别注意,营救步骤如下:

(1)使用的工具如铁棒、锄头、棍棒等,不要伤及埋压人员。

(2)不要破坏被埋压人员所处的空间以及周围的支撑条件,以免引起新的垮塌,使被埋压人员再次遇险。

(3)尽快与被埋压人员的封闭空间沟通,使新鲜空气流入,在挖扒中,如果尘土太大,应采取喷水降尘的方式,以免导致被埋压者窒息。

(4)如果埋压时间比较长,而短时间内又难以救出,可设法给被埋压者输送饮用水、食品和药品等,以维持其生命。

井下冒顶事故如何自救?

冒顶事故在矿井采掘的生产过程中经常发生。既使是在西欧及日本一些采掘技术比较发达的国家也能经常见到。那么,当发生井下冒顶事故时应该如何自救呢?

(1)对于局部出现的小冒顶,应首先检查冒顶地点附近顶板的支架情况,将折伤、歪扭、变形的柱子处理好,沿着煤的顶板处掏梁窝,并将探板伸入梁窝,另一头立上柱子。

(2)当出现局部范围较大的冒顶时,如果伪顶冒落,且冒落已经停止,则可以采用从冒顶两端向中间进行探板处理。如果直接顶沿煤帮冒落,而且歼石继续下流,块度较小,采用探板处理有困难

时,可采取打撞楔的办法来进行处理。如果以上两种方法都不能制止冒顶,就要尽快躲过冒顶区。

(3)当发现采掘工作面有冒顶的预兆而自己又无法逃脱现场时,应迅速将身体靠向硬帮或有强硬支柱的地方。

(4)当冒顶事故发生后,伤员应努力争取自行脱离事故现场。如果无法逃脱,要尽量地将身体藏于支柱牢固或块岩石架起的空隙中,以免再次受到伤害。

(5)如果出现大面积冒顶堵塞巷道的情况,也就是矿工们所说的"关门"时,就要冷静下来,由班组长统一指挥,只留一盏灯供照明使用,并用铁锹、铁棒、石块等不停地敲打通风、排水的管道,向外报警,以便救援人员能及时发现目标,迅速准确地开展抢救工作。

遭遇森林火灾时如何自救?

在炎热夏日里,很多人都会选择和家人一起到各地的名山大川旅游避暑。因此,掌握一定的森林火灾常识和技能,对于保全家人的生命财产安全是非常必要且有益的。

在森林中一旦遭遇火灾,应当尽力保持镇静,就地取材,尽快防护好自己,可以采取以下防护措施和逃生技能,以便安全迅速地逃生:

(1)森林火灾中,高温、浓烟和一氧化碳会对人身造成严重伤害,使人热烤中暑、烧伤、窒息或中毒,尤其是一氧化碳被吸入人体后,会潜伏在人体,使人反应迟钝,因此,一旦发现自己身处森林着火区域,应尽快用沾湿的毛巾遮住口鼻,附近有水的话最好把身上

的衣服浸湿，这样就多了一层保护。再判明火势大小、火苗延烧的方向，逆风逃生，切记不可顺风逃生。

（2）在森林中遭遇火灾一定要密切注意风向的变化，风向一般也说明了火势蔓延的方向，再决定逃生的方向。当现场刮起5级以上的大风时，火灾会失控。如果突然感觉到无风，这时往往意味着风向将会发生变化或者逆转，这时应尽快逃避，避免逃避不及而造成伤亡。

（3）当烟尘袭来时，用湿毛巾或衣服捂住口鼻迅速躲避。一旦躲避不及时，可以卧在附近没有可燃物的平地上进行避烟。但千万不要选择坑或洞等低洼处，因为低洼处很容易沉积烟尘。

（4）如果被大火包围在半山腰时，要快速向山下跑，记住不可往山上跑，火势向上蔓延的速度通常要比人的速度快得多。

（5）如果大火扑来时，你处在下风向，应选择迎风方向，突破火势的包围，切忌顺风撤离。如果时间允许可以主动点火烧掉周围的可燃物，当烧出一片空地后，迅速进入空地卧倒避烟。

（6）如果已经成功脱离火灾现场，不要懈怠，在休息的时候，还要注意火灾附近是否有蚊虫或者蛇、野兽、毒蜂的侵袭。在多人集体或者结伴出游时逃离险境后要清点一下人数，查看大家是否都在，如果有掉队的应当及时向当地灭火救灾人员求援。

（7）当乘车路经山区或林区的时候，一定不要随便向车外扔烟头，要遵守林区禁止使用明火的要求，这也是杜绝火灾隐患的一个重要方法。

遭遇泥石流时如何脱险？

当泥石流发生时,其来势凶猛、威力无比,常常比洪水来得突然,也更加惨烈。因此,当我们前往山区沟谷旅游时,要事先对近期的天气实况、地质灾害的历史以及旅游路线进行一定的了解。为了以防万一,在碰到出现过泥石流现象的景点时,最好改道而行。如果不想调整旅游线路,则应尽量避免在大雨天或连续阴雨天中前往这些景区旅游,不可贸然前往。

当到达发生过泥石流现象的地方时,要进行仔细地观察。一般坡度较陡,坡体成孤立山嘴,凹形陡坡,坡体上有明显的裂缝,坡体前部存在临空空间或有崩塌物,就可以说明这里曾经发生过滑坡或崩塌,往后还有再次发生的可能;如果河流突然断流或者水势突然加大,并夹杂着许多的柴草和树木,深谷或沟内传来类似火车般的轰鸣或闷雷般的声音,沟谷的深处突然变得昏暗,还伴随着轻微的震动感,这些迹象都可以断定沟谷上游已发生泥石流。

在山区旅游时,如果不幸遇上泥石流,保持镇定是首要的,在遵循泥石流发生的规律的同时,要及时采取措施进行应急避险。选择最短且最为安全的路径往沟谷两侧的山坡或高地处跑,避免顺着泥石流前进方向奔跑;不要在坡度大、土层厚的凹处停留;不要上树躲避,因为泥石流可能连人带树一起裹挟走;避开河(沟)道弯曲的凹岸或地方狭小且高度低的凸岸;不要躲于陡峭的山体之下,以免出现坡面泥石流或崩塌的情况;长时间降雨或者暴雨渐小刚停,不能立即返回危险区,因为泥石流常常在降雨过后暴发;在山区沟谷中游玩时,切莫在沟道处或沟内的低平处搭建宿营棚。

另外,切忌在危岩附近停留,不能在凹形陡坡、危岩突出的地

方避雨、休息和穿行，更不能攀登危岩。

洪水暴发时如何自救？

当洪水泛滥无法阻挡时，可能形成洪涝。中国治水的祖先大禹曾用疏导的办法治水，而当代的水利专家则把治水的重点归纳为：疏通河道，给洪水以出路。

对于普通百姓来说，洪水到来之前，要根据当地电视、广播等媒体提供的洪水信息，结合自己所处的位置和条件，尽快进行撤离，避免出现"人未走水先到"的被动局面；在撤离的过程中，要认清路标，明确撤离的路线和目的地，避免因为惊慌失措而走错路。

要准备足够的食物，以及足够的饮用水和日用品；扎制木排、竹排，搜集木盆、木材、大件泡沫塑料等适合漂浮的材料，将其加工成救生装置，以备不时之需；如果有不便携带的贵重物品，可以作防水捆扎后埋入地下或放到高处；票款、首饰等小件贵重物品则可以缝在衣服内，随身携带，并将可以使用的通讯设备保存好。

当洪水到来时，如果来不及转移，要迅速向就近的山坡、高地、楼房、避洪台等地转移，或者爬上屋顶、楼房高层、大树、高墙等高处进行暂避。

如果洪水继续上涨，而暂避的地方已经无法自保，则要利用事先准备好的救生器材逃生；如果没有，可迅速找一些门板、桌椅、木床、大块的泡沫塑料等能漂浮的材料扎成木筏逃生。

如果已经被洪水包围，就要想方设法尽快与当地政府的防汛部门取得联系，报告自己所在的方位和险情，积极寻求救援。

此外，值得注意的是，千万不要进行游泳逃生，更不可攀爬带

电的电线杆、铁塔以及爬到泥坯房的屋顶。如果已经被洪水卷入其中，就要尽可能地去抓住固定的或能漂浮的物体，以寻找逃生的机会。当发现高压线铁塔倾斜或者电线断头下垂时，一定要及时远离，以免直接触电或因地面"跨步电压"而导致触电。即便洪水过后，也要做好各项卫生防疫工作，防止疫病的流行。

发生雪崩时如何进行逃生？

一般情况下，雪崩都从山顶上爆发，由于它有着极快的速度和巨大的力量，因此，当它往山下移动时，便可以将它前面的所有东西一起卷走，直到遇到广阔的平原时，它的力量才能逐渐消失。雪崩时所产生的雪流能够驱赶前面的气浪，而这种气浪所产生的冲击力比雪流本身的打击力更加危险，它能够将房屋推倒、树木折断，甚至可以使人窒息而死。

一旦遇到雪崩，情况会很危险，因此，在雪地活动的人，不要在大雪刚过或者连续下了几场雪后就开始上山。因为，新下的雪或上层的积雪牢固性很差，稍微一碰甚至仅仅一声叫喊都有触发雪崩的可能。天气时冷时暖，当天气转晴或开始融雪时，积雪的牢固性就会变得很差，这时很容易发生雪崩。不要在陡坡处活动。雪崩一般都是向下移动，在1:5的斜坡上，即可发生雪崩。如果必须走斜坡地带，不要单独行动，也不要挤在一起行动，而应一个接一个地走，后面的人应与前面的人保持可以观察到的安全距离。

一般情况下，雪崩所经过的路线，可以根据峭壁、光滑地带以及很少有树的山坡的断层等地形特征辨认出来。不管发生什么样的情况，都应迅速远离雪崩的路线。在逃生时，不要向坡下跑，因为

雪崩是朝着山下滚落,而且时速在200千米,因此,越向山下跑就越危险,甚至可能被冰雪埋住。此时,朝着旁边跑比较安全。

在撤离时,应将身上所有笨重物件,如背包、滑雪板、滑雪杖等丢掉。如果带着这些物件,一旦陷入雪中,活动就会变得更加困难。在逃生时,不要采取滑雪的方式。但是,如果处于雪崩路线的边缘地带,则可以疾驶逃出险境。如果雪崩将要赶上而无法摆脱时,切记闭口屏息,以免冰雪涌入咽喉和肺部而窒息,可以抓紧山坡旁边任何固定的东西,如岩石等。如果被雪冲下山坡,应尽力爬上雪堆表面,采取俯泳、仰泳或狗爬法逆流而上,逃向雪流的边缘。

第二章 气象灾害

遇到龙卷风怎么办?

龙卷风由于中心气压低、风速大,因此破坏力极大,它可以拔树倒屋,可以将人以及地面的物体卷吸上空,摧毁地面的建筑物。

如果在野外遇上龙卷风,一般情况下,龙卷不会突然转向,因此,要及时在与龙卷路径相反或垂直的低洼区域躲避。

如果龙卷风朝着房屋袭来,此时要将门窗打开一些,躲至小开间、密室或混凝土的底下,上覆有25厘米以上的混凝土板是比较理想的避险场所。因为西南方向的内墙容易产生内塌,所以,尽量选择东北朝向的房间里避险,并采取面向墙壁抱头蹲下的姿势。如果家中没有地下室,应快速冲出房屋,远离危险房屋及活动房屋,朝着垂直于龙卷移动的方向撤离，躲在地势低洼的地区或平伏于地面较低的地方，用手保护头部；也可以跑到靠近大树的房内躲避，但要注意防止砸伤。

如果在乘汽车时遭遇龙卷风，应迅速将车停下并下车躲避，以免汽车被卷走，引起爆炸等情况的发生。

灰霾气候条件下如何防护？

在中度灰霾天气条件中，应尽量避免不必要的外出活动，将运动量以及运动强度降低到最小限度，防止呼吸道疾病的发生。

在重度灰霾天气条件中，尽量不要外出活动，以防呼吸道疾病的发生，在能见度低劣的情况下，更要注意交通安全。

在灰霾天气下，市民应做到：老人孩子少出门，行车走路加小心，锻炼身体有讲究。

老人孩子少出门：在中等和重度灰霾天气中，近地面的空气中会积聚大量对人体健康有害的气溶胶粒子，这些气溶胶粒子会直接进入并黏附在人体呼吸道以及肺叶当中，从而引发鼻炎、支气管炎等疾病，如果长期处于这种环境中，还会导致肺癌的发生。因此，抵抗力比较弱的老人、儿童以及患有呼吸系统疾病的易感人群应尽量减少户外活动，即使要出门，也要在外出时戴上口罩，以保护身体。

锻炼身体有讲究：中等和重度灰霾天气容易刺激人体的呼吸循环系统，如果在空气质量比较差的情况下进行锻炼，很容易使身体扭伤，甚至还会诱发心梗、肺心病等。一般情况下，如果没有出现冷空气活动以及雨雪、大风等天气，那么，可以将锻炼的时间选择

在上午到傍晚前的这段时间,因为,这段时间的空气质量比其他时间要好。进行锻炼选择在可见度比较高的时间段,以及选择多树多草的地方为最佳,但是,灰霾天气要注意适度将运动量以及运动强度减少。

出现雾霾时怎么办?

在春秋以及梅雨季节中,由于受到到达前高压回流的影响,常常会引起大范围内且持续较长的浓雾出现。浓雾能够阻挡可见度,如果在可见度不到 200 米的情况下,就会对陆上以及海上的交通情况造成影响,气象局也会在浓雾出现的地区或海域及时发布"浓雾特报"。

当遭遇浓雾天气,最好避免骑车,另外,由于雾气的干扰,肯定会造成道路拥堵的现象,因此,为避免出现上课迟到的情况,应尽量提前出门。如果一定要骑车出行,应尽量将速度放慢,使精神高度集中,前后左右都要兼顾,遇到路口时则要加倍小心,将信号灯看清楚后再过路口;必要时,宁可下车推着走,也不要骑车强行。

浓雾天气时,学校内的学生不要在屋外活动,避免同学之间出现受伤的情况。即使有事跟随父母出行,也同样要注意安全,如果乘坐出租车或自家汽车行驶时,要提醒司机或家人将车速放慢,不要抢行,以免发生意外事故。

随着空气的污染日益严重,城市上空的雾气会含有一些毒害人体的物质,对于患有呼吸道疾病的人,最好在外出时将口罩戴上,以免使病情加重。

大雾天气如何防护应急？

在水平可见度小于500米的情况下，习惯上称之为大雾或浓雾天气。大雾天气会使城市的交通运输情况受到严重的影响，同时还会使空气受到污染，从而不利于人体的健康。

在12小时之内，如果会出现可见度小于500米的浓雾，或者可见度在200~500米之间的浓雾已经出现并且有持续的可能，就为大雾黄色预警信号；在6小时之内，如果会出现可见度小于200米的浓雾，或者可见度在50~200米之间的浓雾已经出现并且有持续的可能，就为大雾橙色预警信号；在2小时之内，如果会出现可见度小于50米的强浓雾，或者可见度小于50米的强浓雾已经出现并且有持续的可能，则为大雾红色预警信号。

当大雾天气来临时，可以采取以下措施进行防护：注意及时收听天气预报；尽量减少户外活动或不要外出；如果是特殊情况一定要外出时，要戴上口罩；骑自行车时要将车速放慢并服从交警的指挥；自行驾车时要放慢车速小心驾驶，将防雾灯打开，并与前车保持适当的距离；在停车时，要遵循先驶到外道再进行停车的原则；在机场、高速公路、轮渡码头时，要注意交通安全，必要时暂时封闭或停航。

此外，还需要注意的是：在乘坐车船等交通工具时，要严格遵守秩序，不要拥挤或滞留在渡口，更不要在雾中进行任何体育锻炼，以免发生意外。

寒潮来临时如何防护？

当寒潮来临时,可以采取以下措施进行防护:

在寒潮来临前,事先将防水外套、手套、围巾、帽子、口罩等准备好;对暖气设备、火炉、烟囱等进行定期检查,以确保其正常使用;将燃煤、柴等充足储备;尽量节约一切能源、资源,不要让室内的温度过高;注意车辆的防冻。

当寒潮发生时,应注意及时收听天气预报以及各种紧急情况的警报;多穿几层轻便、宽松、舒适且保暖的衣服;尽量留在室内不要外出,平时注意饮食的规律性,多喝水,少喝含有咖啡因以及酒精的饮料;不要劳累过度;时刻警惕冻伤信号,如手指、脚趾、耳垂以及鼻头呈现苍白色或者失去知觉,如果出现类似的症状,应立即采取一切措施或及时就医,也可以使用暖水袋或热宝进行取暖,但在使用的过程中要小心,以免被灼伤。

当遭遇暴风雪时,如果被困在车内,或者车子在高速路上抛锚,此时应及时将危险信号灯打开;在发出求救信号时尽量留在车内;如果是在夜间,就要将车里的灯打开,以便救援人员及时发现;每小时将发动机和加热器启动,保持10分钟以便取暖,同时注意将逆风窗稍微打开,以保证空气流通,另外还要节约电。

暴雨时如何自救?

暴雨是指一定时间内强度很大的雨。能称得上暴雨,需1小时降雨在16毫米以上,或者12小时降雨在30毫米以上,或者24小时降雨在50毫米以上。

能使人民的生命财产遭受巨大损失的一般是大范围持续性的暴雨和集中的特大暴雨,有的甚至会引起严重的洪涝灾害。

当暴雨来临时,可以采取以下应急措施:

(1)下暴雨时,地势低洼的住宅区居民,为防止屋内发生小内涝,可因地制宜地采取砌围墙、大门口放置挡水板、配置小型抽水泵等"小包围"的措施。

(2)位置偏低的房屋,应将家中的电器插座、开关等移装在离地1米以上的安全地方。一旦室外有积水漫进屋内,应及时切断电源,防止触电伤人。

(3)在户外的积水中行走时,要注意观察,尽量贴近建筑物行走,以免跌入窨井、地坑等。

(4)如果住所可能出现严重水淹,应及时撤离居所,到安全地方暂避。

(5)注意街上电力设施,如有电线滑落,立即远离并马上告知电力部门。

(6)驾驶员在暴雨中开车,应将雨雾灯打开,减速慢行,注意预防山洪,避开积水和塌方路段。

(7)河道是城市的重要排水通道,不要随意将垃圾及废弃物倒入其中,以免造成淤塞。

发生冻雨时应采取什么措施?

冻雨是在初冬或冬末春初时节经常见到的一种天气现象,是一种带有一定灾害性的天气。当较强的冷空气南下时,一旦遇到暖湿气流,冷空气就会像楔子一样插在暖湿气流的下方,使近地层的气温下降到0OC以下,此时湿润的暖湿气流就会被逐渐抬升,从而出现成云致雨的现象。当雨滴从空中落下来的时候,由于近地面的

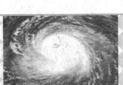

温度很低,在树木、植被、电线杆以及道路的表面,就会冻结上一层晶莹剔透的薄冰,在气象上称这种天气现象为"冻雨"。

据气象专家分析,冻雨是在特定的天气背景下产生的降水现象。在冻雨发生的时候,往往风力会比较大,因此,冻雨会对交通运输以及通讯和输电线路造成很大的影响。

冻雨是一种灾害性天气,它通过大量的冻结积累后,可以将电线以及电话线压断,严重的冻雨甚至能够将房子压塌;当飞机在存在过冷水滴的云层中飞行时,机翼、螺旋桨就会积水,从而影响飞机的空气动力性能,导致飞机失事。

因此,当冻雨发生时,应及时将电线、电杆以及铁塔上的积冰敲刮干净;在机场,应及时将跑道和飞机上的积冰清理干净;对于公路上的积冰,应及时采取撒盐溶冰的方式,并尽快组织人员对路面进行清扫。如果发生事故,在事发现场设置明显标志。在冻雨天气中,人们应尽量减少外出活动,如果有重要事情一定要外出,也要采取防寒保暖和防滑措施,并在行走的过程中注意远离或避让机动车和非机动车辆。司机朋友在冻雨天气里应尽量将车速放慢,不要超车、加速、急转弯,更不要紧急制动,应及时安装轮胎防滑链。

遭遇雷电时如何采取防备措施?

雷雨天气在春夏季节尤为常见,在电闪雷鸣的天气中,很容易被闪电击中,因此,在雷雨天气里,为了避免这种情况的出现,我们可以采取以下措施进行防备:

(1)当雷电发生时,假如人在屋内,最好将电器插头拔掉,以免

出现传电而被击中；当雷雨发生时，要注意及时将门窗关闭，并尽快把露天阳台以及窗台上的花盆等杂物放回屋内。

（2）当雷电发生时，不要随便使用没有防雷设施的电器设备，比如，用太阳能热水器洗浴，因为太阳能热水器在房顶安装后，通常会比房屋的避雷针要高出一截，此时很容易使雷电顺着水管进入屋内，从而导致危险的发生。

（3）当雷电发生时，如果在空旷的野外无处可以躲避时，应尽量寻找比较低洼的地方（如土坑）来藏身，不要站着，应立即蹲下，以降低身体的高度，同时将两脚并拢，以减少跨步电压所带来的危害；不要站在大树底下，更不能用手去扶摸大树，因为，此时潮湿的树干已经变成了一个引雷装置，应保持与大树的距离，最好离大树5米以外。

（4）当雷雨发生时，不要在水边或者低洼地带停留，更不要站在楼顶、山顶以及接近其他容易导电的物体，应立即前往干燥的地方避雨；不要拿着金属物品在雷雨中停留，尽量将随身所带的金属物品放在5米外的地方；不宜在雷雨中撑伞，也不宜把羽毛球拍等扛于肩上。

（5）在雷雨天气时出门，应穿着带有绝缘性质的胶鞋，不宜开摩托车或骑自行车，在汽车中避免将头和手伸出窗外。

另外，人体在遭受雷击之后，往往会出现"假死"的状态，此时应及时采取措施对被雷击者进行抢救。

（1）让伤者就地平卧，将伤者的衣扣、内衣以及腰带等松解，立即采取口对口呼吸和胸外心脏挤压法，直到伤者醒过来为止。

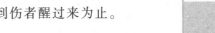

(2)可以对伤者进行心脏按摩,并迅速通知医院进行抢救处理。假如伤者在遭受雷击后导致衣服着火,应迅速让伤者躺下,避免火焰蔓延从而将面部烧伤,并往伤者身上泼水,或者用厚外衣、毯子等把伤者裹住,达到扑灭火焰的目的。

雪灾发生时如何采取应急措施?

雪灾,是因为长时间且大量降雪所造成的大范围积雪成灾的自然现象。 当发生雪灾时,应及时收听新闻,时刻关注天气预报,特别是关于暴雪的最新预报、预警信息,以便及时将融雪、扫雪工具等设备准备好;同时减少车辆外出,及时了解机场、高速公路、码头、车站的停航或者关闭信息。

尽量减少外出,如果非出行不可,也应根据天气及雪灾的情况及时调整出行计划,并及时采取防寒保暖的措施。在冰冻严重的南方,尽量少穿硬底鞋以及光滑底的鞋,同时用旧棉袜将鞋套上,这是很多人在这场冰雪灾害中摸索出来的好办法。另外,还要将足够的食物和水储备好,远离不结实、不安全以及有可能被积雪压塌的建筑物,并注意远离广告牌、临时建筑物、大树、电线杆和高压线塔架。

驾车出行时,应尽量将车速放慢,保持慢速、主动避让、保持车距、少踩刹车、服从交警指挥和注意看道路安全提示;非机动车可以将轮胎稍许放点气,以增加轮胎与路面的摩擦力,防止出现打滑现象。

发生旱灾时怎么办?

旱灾指因气候严酷或不正常的干旱而形成的气象灾害。一般指因为土壤的水分不足，以及农作物水分的平衡性遭到破坏而导致减产或者歉收，从而带来严重的粮食问题，甚至还会引发饥荒。不仅如此，旱灾还能令人类及动物因缺乏足够的饮用水而致死。最重要的是，旱灾过后很容易发生蝗灾，进而导致饥荒的严重，引起社会的动荡。

土壤缺乏水分或者水分不足，不仅不能满足农作物生长的需要，还会引起较大的减产或绝产灾害。旱灾是普遍性的自然灾害，不仅会使农业受灾，还会严重影响到工业生产、城市供水以及生态环境。

自然界的干旱是否会造成灾害，一般受多种因素的影响，而对农业生产的危害程度则取决于一些人为的措施。在世界范围之内，各国为了防止干旱而采取的主要措施一般有：兴修水利，发展农田灌溉事业；改进耕作制度，改变作物的构成，选育耐旱品种，充分利用有限的降雨；植树造林，改善区域气候，减少蒸发，降低干旱风的危害；研究应用现代技术和节水措施，例如人工降雨、喷滴灌、地膜覆盖、保墒，以及暂时利用质量较差的水源，包括劣质的地下水甚至海水等。

防止水土流失的具体措施有：多植树，多种草；沙地不种植农作物用来种草和树防止土地沙化；防止土壤板结；多用农家肥，尽量少用无机肥；以年为单位隔年种植，这样有利于保持土壤肥沃；少用含磷之类的化肥，因为它们会通过雨水进入河流，使水营养化，造成藻类大量繁殖，从而破坏生态平衡。

第三章　海上自然灾害

海啸中如何逃生？

海啸,亦称"海唑"或"海吼",它是由风暴或海底地震所造成的海面恶浪并带有巨响的一种现象,当这种现象发生时,海水往往会冲上陆地,从而造成灾害。

海啸是一种破坏力非常强大的海浪,火山爆发、水下地震或者水下塌陷以及滑坡等大地活动都有引发海啸的可能。如果地震发生在海底,震波的动力就会使海水起伏剧烈,从而形成巨大的海水波浪,且持续不断地向前推进,以致将沿海地带——淹没,这就是海啸所带来的危害性。

地震是海啸的"排头兵",那么,当遭遇海啸时,应该如何进行逃生呢？

(1)当感觉震动比较强烈时,应远离海边以及江河的入海口。如果听到附近有关地震的报告,应及时做好预防海啸的工作;对电视和广播新闻多加注意;要记住的是,有时海啸会在发生地震几小时过后,才到达离震源上千千米远的地方。

(2)海啸会在海港中造成落差和湍流,而这种落差和湍流非常危险,海上船只一般只要听到海啸的预警信号,就应该避免返回港湾。如果有充足的时间,在海啸到来之前船主就应该将船开至开阔的海面中;如果没有时间开出海港,船上的所有人员都要及时撤离停泊在海港里的船只。

(3)当海啸登陆时,海水往往会出现明显升高或下降的趋势,如果海面后退的速度显得异常快速,应及时撤离到内陆地势比较高的地方。

(4)每个人都应准备一个急救包,且里面应装有足够72小时服用的药物、饮用水以及其他必需物品,这一点可以适用于海啸、地震以及其他突发灾害。

遇到风暴潮时怎么办?

风暴潮发生在海洋沿岸,是一种极为严重的自然灾害,这种灾害主要由大风和高潮水位共同引起,使局部地区猛烈增水,以致酿成重大的灾害。

风暴潮一般可以分为两大类,即由台风引起的台风风暴潮和由温带气旋等引起的温带风暴潮。台风风暴潮一般常见于夏秋季节的台风鼎盛时期,这类风暴潮的特点主要是来势猛、速度快、强度大、破坏力强,只要受台风影响的海洋沿岸地区,都有可能发生这类风暴潮;温带风暴潮一般常见于春秋季节,夏季也有发生,主要特点是增水的过程比较缓慢,增水高度低于台风风暴潮,中纬度沿海地区比较常见,以欧洲北海沿岸、美国东海岸以及我国的北方海区沿岸多。

风暴潮灾害的轻与重,除了受风暴增水的大小以及当地天文大潮高潮位这两个因素的制约外,还取决于受灾地区的地理位置、海岸形状和海底地形、社会及经济情况,一般情况下,地理位置遭遇海上大风的正面袭击、海岸形状呈喇叭口、海底地形较平缓、人

口密度较大、经济比较发达的地区，所受的风暴潮灾比一般的地区要显得严重些。

当遇到风暴潮时，可以选择一个安全地点的最短距离进行暂避，因为，距离越长，在路上出现交通堵塞和其他问题的可能性就越大；在撤退时可以选择最近的场所，最好将场所选择在当地，并且事先将路线规划好；在风暴潮季节来临前，选择在安全区域内的朋友或亲戚家中进行暂避，并和他们一起商讨撤退的计划；也可以选择安全区域内的旅馆内。

如果以上这些选择都行不通，可以对最近的公共避难所考虑，最好选择在当地的避难所；在撤退时，采用经过有关专家制定的撤退路线，最好事先将路线熟悉；对于家庭中需要特殊帮助的成员，要与当地突发事件管理部门联系并进行登记，以便于撤退；要为宠物准备单独的撤退计划，因为很多公共避难所不允许宠物进入；在离家之前，对门窗用木板进行遮挡，将院子里所有的物品移入家里或比较安全的地方，并且将所有生活设施的开关关掉；在撤离之前要给汽车加满油，并携带足够的钱；在撤离计划中娱乐车、小船或者拖车等物品，应尽早撤离，要在撤离命令发布或大批人员撤离之前就开始行动，不要拖延时间，否则可能会遭遇交通问题，甚至由于堵塞而不能撤退；要带上充足的处方药和专用物品，比如眼镜、尿布等；要收听或收看当地电台或电视台的节目并且特别注意当地有关部门意见和特殊的指导。

海上遇到热带气旋怎么办？

热带气旋发生在热带洋面上，且伴有狂风暴雨的大气涡旋。它

是世界上最严重的自然灾害之一，平均每年就有 2 万左右的人遭遇热带气旋死亡。

热带气旋所造成的灾害，主要是由于狂风巨浪、暴雨和风暴潮这 3 个方面的原因引起的。对于在海上航行的船只来说，最恐惧的便是热带气旋，尤其是台风席卷而来的狂风巨浪。1944 年 12 月，某国海军舰队在太平洋上遇到台风袭击，就有 90 名船员死亡和失踪，146 架舰载飞机被吹进海里，3 艘驱逐船沉没，26 艘其他舰只遭受重创，损失惨重。

因此，在海上航行的船只一定要注意及时收听邻近气象台的海洋气象广播，以便及时对海上气象和海浪的情况进行了解，如果得到了热带气旋即将来临的消息，应及时采取避让措施，保证航行的安全。如果由于种种原因而来不及躲避或误入热带气旋时，应保持冷静，积极主动地采取措施，以免导致海难事故的发生。

首先要沉着冷静，快速与当地海岸电台进行联系，并弄清船只在热带气旋中的位置；如果联系不上，可以根据"风压定则"自行测定热带气旋的中心方位，如果在北半球，背风而立，则热带气旋的中心便在本船的左边；如果在南半球，背风而立，则热带气旋中心便在本船的右边。接着对船只至热带气旋中心的距离进行确定，如果在船上测到的气压比正常值要低 5 个百帕，就说明热带气旋的中心距离船只不会超过 300 千米；如果测到的风力已经达到 8 级，就说明热带气旋的中心距离船只 150 千米左右。然后，再迅速果断地采取以下驶离热带气旋的措施：

(1)船只如果处于热带气旋前进方向的右半圆(此半圆风浪十

分凶猛,因此也可以称之为危险半圆),应采取风向对右舷船首的航向行驶。

(2)船只如果处在热带气旋前进方向的左半圆(此半圆风浪相对来说比较小,因此也可以称之为可航半圆),应采取风向对右舷船尾的航向行驶。

(3)船只如果在热带气旋的前部,而且还在热带气旋行进的路线上,也应采取风向对右舷船尾的航向行驶。

(4)热带气旋的路径有随时改变的可能,因此,应随时与海岸电台保持联系,以获取热带气旋的最新消息,并密切关注风向的变化,及时将航向修正,以便顺利驶离热带气旋。

台风来临时应注意什么?

台风(或飓风)是产生于热带洋面上的一种强烈热带气旋。因发生地点不同,而存在不同的叫法:在欧洲、北美一带称"飓风",在东亚、东南亚一带称为"台风",在孟加拉湾地区被称作"气旋性风暴",在南半球则称"气旋"。

当台风来到时,应注意以下几个方面:

台风来时海滩助潮涌,大浪极其凶猛,此时在海滩游泳十分危险,千万不要下海。

台风来临时,被刮倒的树木、电线杆或高空坠落物如花盆、瓦片等很容易将人击中,造成头部外伤或者骨折、触电等急救事故;踩到被刮倒的电线或者掩在树木下的电线,很容易触电致伤,因此不要打赤脚,最好穿雨靴,这样就可以防雨防触电;走路时要注意避免踩到脚下的电线,在通过大街小巷时,也要特别留心围墙、电

线杆倒塌的情况；经过高大建筑物时，要注意躲避高空坠物。一旦发生急救事故，应先拨打120，而不要擅自将伤员搬动或者自己找车急救，因为，如果搬动不当，骨折患者会造成神经损伤，严重时还会导致瘫痪。

经过建筑工地时，应与工地保持一定的距离，以防围墙松动、围栏倒塌或者一些高楼上没有及时收集的材料（如钢管、榔头等）被风吹倒。

在台风来临前，应及时将阳台、窗外的花盆等物品移入室内，不要随意外出，家长应看管好自己孩子，把门窗栓紧，特别应对铝合金门窗采取防护，确保安全。当台风来临时一般不宜外出，如果一定要出行，建议不要自己开车，可以选择坐公共车。出行时注意远离迎风门窗，不要在大树下躲雨或停留。千万不要在河、湖、海的路堤或桥上行走，也不要在强风影响区域开车。